住房和城乡建设领域专业人员岗位培训考核系列用书

试验员专业基础知识

江苏省建设教育协会　组织编写

中国建筑工业出版社

图书在版编目（CIP）数据

试验员专业基础知识/江苏省建设教育协会组织编写. —北京：
中国建筑工业出版社，2014.4（2024.7重印）
住房和城乡建设领域专业人员岗位培训考核系列用书
ISBN 978-7-112-16567-4

Ⅰ. ①试… Ⅱ. ①江… Ⅲ. ①建筑材料—材料试验—岗位
培训—教材 Ⅳ. ①TU502

中国版本图书馆 CIP 数据核字（2014）第 052583 号

本书是《住房和城乡建设领域专业人员岗位培训考核系列用书》中的一本。全书共分 4 章，包括水泥、混凝土、钢筋、职业道德。本书可作为试验员岗位考试的指导用书，又可作为施工现场相关专业人员的实用手册，也可供职业院校师生和相关专业技术人员参考使用。

责任编辑：刘　江　岳建光　王华月
责任设计：张　虹
责任校对：陈晶晶　刘　钰

住房和城乡建设领域专业人员岗位培训考核系列用书
试验员专业基础知识
江苏省建设教育协会　组织编写
*
中国建筑工业出版社出版、发行（北京西郊百万庄）
各地新华书店、建筑书店经销
北京永峥排版公司制版
建工社（河北）印刷有限公司印刷
*
开本：787×1092 毫米　1/16　印张：7¾　字数：184 千字
2014 年 9 月第一版　2024 年 7 月第十次印刷
定价：**23.00** 元
ISBN 978-7-112-16567-4
（25355）

住房和城乡建设领域专业人员岗位培训考核系列用书

编审委员会

主　任：杜学伦

副主任：章小刚　　陈　曦　　曹达双　　漆贯学

　　　　金少军　　高　枫　　陈文志

委　员：王宇旻　　成　宁　　金孝权　　郭清平

　　　　马　记　　金广谦　　陈从建　　杨　志

　　　　魏德燕　　惠文荣　　刘建忠　　冯汉国

　　　　金　强　　王　飞

出版说明

为加强住房城乡建设领域人才队伍建设，住房和城乡建设部组织编制了住房城乡建设领域专业人员职业标准。实施新颁职业标准，有利于进一步完善建设领域生产一线岗位培训考核工作，不断提高建设从业人员队伍素质，更好地保障施工质量和安全生产。第一部职业标准——《建筑与市政工程施工现场专业人员职业标准》（以下简称《职业标准》），已于 2012 年 1 月 1 日实施，其余职业标准也在制定中，并将陆续发布实施。

为贯彻落实《职业标准》，受江苏省住房和城乡建设厅委托，江苏省建设教育协会组织了具有较高理论水平和丰富实践经验的专家和学者，以职业标准为指导，结合一线专业人员的岗位工作实际，按照综合性、实用性、科学性和前瞻性的要求，编写了这套《住房和城乡建设领域专业人员岗位培训考核系列用书》（以下简称《考核系列用书》）。

本套《考核系列用书》覆盖施工员、质量员、资料员、机械员、材料员、劳务员等《职业标准》涉及的岗位（其中，施工员、质量员分为土建施工、装饰装修、设备安装和市政工程四个子专业），并根据实际需求增加了试验员、城建档案管理员岗位；每个岗位结合其职业特点以及培训考核的要求，包括《专业基础知识》、《专业管理实务》和《考试大纲·习题集》三个分册。随着住房城乡建设领域专业人员职业标准的陆续发布实施和岗位的需求，本套《考核系列用书》还将不断补充和完善。

本套《考核系列用书》系统性、针对性较强，通俗易懂，图文并茂，深入浅出，配以考试大纲和习题集，力求做到易学、易懂、易记、易操作。既是相关岗位培训考核的指导用书，又是一线专业人员的实用手册；既可供建设单位、施工单位及相关高、中等职业院校教学培训使用，又可供相关专业技术人员自学参考使用。

本套《考核系列用书》在编写过程中，虽经多次推敲修改，但由于时间仓促，加之编者水平有限，如有疏漏之处，恳请广大读者批评指正（相关意见和建议请发送至 JYXH05@163.com），以便我们认真加以修改，不断完善。

本书编写委员会

主　　编：刘建忠

副 主 编：李治安　王　宏

编写人员：刘建忠　王　宏　李治安　张倩倩

　　　　　胡忠心　褚　莹　张志权　刘　强

前　言

为贯彻落实住房城乡建设领域专业人员新颁职业标准，受江苏省住房和城乡建设厅委托，江苏省建设教育协会组织编写了《住房和城乡建设领域专业人员岗位培训考核系列用书》，本书为其中的一本。

试验员是施工现场的专业人员之一，担负着鉴定各类专业施工原料、检验施工现场成品质量、对试验资料进行统计分析等工作，对保证工程原材料质量和施工质量十分重要。《建筑与市政工程施工现场专业人员职业标准》中没有纳入试验员，但考虑到其岗位的重要性，为适应施工现场试验人员的实际需求，在原江苏省建设专业管理人员岗位培训教材的基础上调整、修编了试验员培训考核用书。

试验员培训考核用书包括《试验员专业基础知识》、《试验员专业管理实务》、《试验员考试大纲·习题集》三本，反映了国家现行规范、规程、标准，并以原材料试验、成品与半成品性能检测为主线，涵盖了现场材料试验人员应掌握的通用知识、基础知识和岗位知识。

本书为《试验员专业基础知识》分册。全书共分4章，内容包括：水泥；混凝土；钢筋；职业道德。

本书部分内容参考了江苏省建设专业管理人员岗位培训教材，对原培训教材作者的辛勤劳动和对本书出版工作的支持表示衷心感谢！

本书既可作为试验员岗位培训考核的指导用书，又可作为一线专业人员的实用手册，也可供职业院校师生和相关专业技术人员参考使用。

目　　录

第1章 水 泥

1.1 胶凝材料

胶凝材料是指通过自身的物理化学作用，在由可塑性浆体变为坚硬石状体的过程中，能将散粒或块状材料黏结成为整体的材料，亦称胶结材料。

胶凝材料的发展，有着极为悠久的历史。新石器时代，由于石器工具的进步，掘穴建室的建筑活动已经兴起。人类最早使用的胶凝材料——黏土来抹砌简易的建筑物。在黏土中拌以植物纤维（稻草、壳皮）可以起到加筋增强作用。但是黏土的强度很低，遇水自行散解，不能抵抗雨水的侵蚀。随着火的发现，煅烧所得石膏和石灰被用来调制建筑砂浆。公元前，古希腊人和罗马人发现在石灰中掺入某些火山灰沉积物，不仅能提高强度，而且能抵御水的侵蚀。到10世纪后半期，先后出现了用黏土质石灰石经煅烧后制成的水硬性石灰和罗马水泥。并在此基础上，发展到用天然泥灰岩（黏土含量在20%～25%左右的石灰石）煅烧，磨细制成的天然水泥。19世纪初，用人工配料，再经煅烧、磨细以制造水硬性凝胶材料的方法，已经开始组织生产。英国阿斯普丁于1824年首先取得了该项产品的专利权。他将石灰石粉碎后煅烧，将所得石灰与黏土混合在类似烧石灰的窑中煅烧。将煅烧所得混合物磨成细粉，再用来制造水泥和人工石。因为这种胶凝材料结硬后的外观颜色和抗水性与当时建筑上常用的英国波特兰地区生产的石灰石相似，故称之为波特兰水泥。波特兰水泥含有较多的具有水化活性的碳酸钙，不但能在水中硬化，而且能够长期抗水，强度甚高。其首批大规模使用的实例是1825～1843年修建的泰晤士河道工程。

胶凝材料按其化学成分可分为有机胶凝材料和无机胶凝材料两大类。有机胶凝材料以高分子化合物为基本成分，如沥青、树脂等。无机胶凝材料则以无机化合物为基本成分，按其硬化条件的不同，又可分为气硬性和水硬性两种。气硬性胶凝材料只能在空气中硬化，也只能在空气中保持或继续提高其强度，种类很多，既有无机的也有有机的，如石膏、石灰、镁质胶凝材料、水玻璃等。水硬性胶凝材料则不仅能在空气中硬化，而且能更好地在水中硬化，保持并继续提高其强度，如各种水泥。

将无机胶凝材料区分为气硬性和水硬性有重要的现实意义：气硬性胶凝材料一般只适用于地上或干燥环境，不宜用于潮湿环境，更不能用于水中；水硬性胶凝材料既适用于地上，也可用于地下或水中。

1.2 水泥的品种

大多数的早期水泥厂都设在英国的泰晤士河和半得威河附近。后来水泥生产遍及全世界，应用日益普遍。随着现代工业的发展，到20世纪初，就逐渐出现各种不同用途的硅酸盐水泥，如快硬水泥、抗硫酸盐水泥、大坝水泥以及油井水泥等。同期发明了高铝水泥。近30年来，又陆续出现硫铝酸盐水泥、氟铝酸盐水泥等品种，从而使水硬性胶凝材料又进一步发展成为更多类别。

水泥的种类很多，目前世界上的水泥品种已达100多种，一般按其性能和用途可分为通用硅酸盐水泥（简称通用水泥）和特种水泥两大类，按其矿物组成可分为硅酸盐、铝酸盐、硫铝酸盐、氟铝酸盐、无熟料或低熟料等系列水泥。水泥的分类如下：

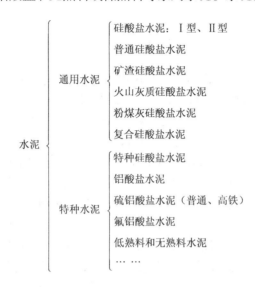

通用水泥是指用于一般土木建筑工程的水泥，它用量大，使用面广。这类水泥实际上是由硅酸盐水泥熟料、石膏、混合材料（外加或不加）混合磨细而成的，根据混合材料品种和掺入量不同，它又分为硅酸盐水泥、普通硅酸盐水泥、矿渣硅酸盐水泥、火山灰质硅酸盐水泥、粉煤灰硅酸盐水泥、复合硅酸盐水泥，即所谓的六大通用水泥。本章以硅酸盐水泥为主要内容，在此基础上介绍其他掺混合材料的硅酸盐水泥的特点。

特种水泥是指具有某些特殊性能或特种用途的水泥，这类水泥主要是为了满足不同的工程要求，使用面比通用水泥窄。

通用硅酸盐水泥定义：熟料＋石膏＋规定的混合材。六种通用硅酸盐水泥的组分组成要求归纳于表1-1中。

通用硅酸盐水泥的组分（GB 175-2007） 表 1-1

品　　种	代号	组　　分				
		熟料＋石膏	粒化高炉矿渣	火山灰质混合材料	粉煤灰	石灰石
硅酸盐水泥	P·I	100	—	—	—	—
	P·II	≥95	≤5	—	—	—
		≥95	—	—	—	≤5
普通硅酸盐水泥	P·O	≥80 且 <95	>5 且 ≤20			

品　　种	代号	组　　分				
		熟料＋石膏	粒化高炉矿渣	火山灰质混合材料	粉煤灰	石灰石
矿渣硅酸盐水泥	P·S·A	≥50且<80	>20且≤50	—	—	—
	P·S·B	≥30且<50	>50且≤70	—	—	—
火山灰质硅酸盐水泥	P·P	≥60且<80	—	>20且≤40	—	—
粉煤灰硅酸盐水泥	P·F	≥60且<80	—	—	>20且≤40	—
复合硅酸盐水泥	P·C	≥50且<80	>20且≤50			

1.2.1　硅酸盐水泥

硅酸盐水泥是由硅酸盐水泥熟料、石灰石或粒化高炉矿渣、适量石膏磨细制成。硅酸盐水泥分两种类型，不掺加混合材料的称Ⅰ型硅酸盐水泥，代号为P·Ⅰ；在硅酸盐水泥熟料粉磨时掺加小于等于水泥质量5%粒化高炉矿渣或石灰石混合材料的称Ⅱ型硅酸盐水泥，代号为P·Ⅱ。

1.2.2　普通硅酸盐水泥

普通硅酸盐水泥是由硅酸盐水泥熟料、混合材料、适量石膏磨细制成，其中混合材料的掺量大于5%且小于等于20%。普通硅酸盐水泥的代号为P·O。

普通硅酸盐水泥中，绝大部分仍是硅酸盐水泥熟料，故其性能特征和应用范围与同强度等级的硅酸盐水泥相近。但由于掺入了少量混合材料，因此与硅酸盐水泥相比，普通硅酸盐水泥的早期硬化速度稍慢，3d强度稍低，抗冻性与耐磨性也稍差，水化热略低，耐腐蚀性稍好。

1.2.3　矿渣硅酸盐水泥

矿渣硅酸盐水泥是由硅酸盐水泥熟料和粒化高炉矿渣、适量石膏磨细制成。矿渣硅酸盐水泥分两种类型，A型为水泥中粒化高炉矿渣掺加量大于20%且小于等于50%，其代号为P·S·A；B型为水泥中粒化高炉矿渣掺加量大于50%且小于等于70%，代号为P·S·B。

由于矿渣与熟料共同粉磨时，矿渣颗粒难以磨得很细，且矿渣颗粒亲水性较弱，使得矿渣水泥的保水性较差，泌水性较大，析出多余水分，容易在水泥浆内形成毛细通道或粗大孔隙，从而降低了水泥石的密实性和均匀性，所以这种水泥混凝土在施工时应注意避免产生分层离析。同时，由于矿渣水泥干缩性较大，如初期养护不当，易产生裂纹。因此，矿渣水泥的抗渗性、抗冻性和抗干湿交替循环的性能均较差（不如硅酸盐水泥和普通硅酸盐水泥），不适合用于受冻融和干湿交替作用的混凝土工程。

由于矿渣水泥水化的氢氧化钙含量少，且矿渣本身耐热性较高，因此其耐热性较好

（一般可耐400℃高温），可用于配制耐热混凝土，如冶炼车间、锅炉房等高温车间的受热构件和钢炉外壳等。

1.2.4 火山灰质硅酸盐水泥

火山灰质硅酸盐水泥是由硅酸盐水泥熟料和火山灰质混合材料、适量石膏磨细制成，其中火山灰质混合材料掺加量大于20%且小于等于40%，其代号为P·P。

由于火山灰质混合材料颗粒较细，疏松多孔，形成很大的内比表面积，尤其是天然类的混合材料其内比表面积大，因此火山灰水泥需水量大，但保水性好，泌水性小。当处于潮湿环境或水中养护时，火山灰水泥中的火山灰质混合材料吸收氢氧化钙而产生膨胀胶化作用，并且形成较多的水化硅酸钙凝胶，使水泥石结构致密，因而具有较高的抗渗性。

火山灰水泥在硬化过程中的干缩现象比矿渣水泥更显著。一般认为，火山灰水泥的干缩率随所掺混合材料比表面积的增加而提高。当处于干燥空气中时，不但火山灰水泥生成凝胶的反应会中止，强度停止增长，而且已经形成的水化硅酸钙凝胶也会逐渐干燥，产生干缩裂缝。在水泥石的表面，由于空气中的二氧化碳能使水化硅酸钙凝胶分解成碳酸钙和氧化硅的粉状混合物，因此使已经硬化的水泥石表面产生"起粉"现象。所以，火山灰水泥使用时须加强养护，保证足够的潮湿养护时间。

由此可知，火山灰水泥适用于地下工程、水中或长期潮湿环境的工程，而不适宜用于处在干燥环境（或干热地区）中的地上结构物。

1.2.5 粉煤灰硅酸盐水泥

粉煤灰硅酸盐水泥是由硅酸盐水泥熟料和粉煤灰、适量石膏磨细制成，其中粉煤灰掺加量大于20%且小于等于40%，其代号为P·F。

粉煤灰颗粒多呈球形（玻璃微珠），且结构致密，吸水能力弱，内比表面积小，所以粉煤灰水泥需水量较低，干缩性小，抗裂性较好。但球形颗粒的粉煤灰保水性较差，泌水较快，若处理不当易引起这种水泥混凝土表面产生失水裂缝，降低抗渗性。

粉煤灰玻璃体结构稳定性较强，表面又相当致密。因此，其早期水化活性很低，水化放热速率缓慢，故这种水泥硬化较慢，早期强度发展比矿渣水泥和火山灰水泥还低，但后期强度（28d或90d以后）可以赶上，甚至超过硅酸盐水泥或普通硅酸盐水泥，因此对承受荷载较迟的工程特别有利。

1.2.6 复合硅酸盐水泥

复合硅酸盐水泥是由硅酸盐水泥熟料、两种或两种以上规定的混合材料、适量石膏磨细制成。其中混合材料总掺加量大于20%且小于等于50%，其代号为P·C。

两种或两种以上规定的混合材料是复合水泥定义的核心。这首先要求使用混合材料时必须复掺，单掺任何一种混合材料都不符合定义要求。其次是规定的混合材料，除包括传统使用的符合国家标准的粒化高炉矿渣、火山灰质混合材料、粉煤灰、石灰石、窑灰外，还包括新开辟的可以用于水泥混合材料的各种工业废渣，无论是活性的还是非活性的，如化铁炉渣、增钙液态渣、铬铁渣、磷渣、钛矿渣及砂岩等。因此，复合水泥扩大了混合材料的使用范围，既充分利用了工业废渣资源，又大大降低了水泥的生产成本。

1.3 水泥的生产工艺

1.3.1 生产原料

生产硅酸盐水泥的原料主要是石灰质原料（如石灰石、白垩等）、黏土质原料（如黏土、黄土和页岩等），及必要时掺加少量校正原料。石灰质原料主要提供 CaO，黏土质原料主要提供 SiO_2、Al_2O_3 及少量的 Fe_2O_3。如果选用的石灰质原料和黏土质原料按一定比例配合不能满足化学组成要求时，则要掺入相应的校正原料加以调整。校正原料有铁质校正原料（如铁矿粉、硫铁矿渣等）、硅质校正原料（如砂岩、河砂等）和铝质校正原料（如含铝高的黏土、铁矾土废料等），以分别补充 Fe_2O_3、SiO_2 或 Al_2O_3 的不足。此外，为改善熟料煅烧条件，常常加入少量的矿化剂（如石膏、萤石、重晶石尾矿或铜矿渣等）。

1.3.2 生产工艺

硅酸盐水泥的生产工艺过程分三个阶段，即：①石灰质原料、黏土质原料与少量校正原料经破碎后按适当比例配合在磨机中共同磨细成为生料，称为生料制备；②将生料在水泥窑内煅烧至部分熔融得到以硅酸钙为主要成分的水泥熟料，称为熟料煅烧；③将熟料与适量石膏（有时还有部分混合材料）在磨机中共同磨细成为水泥，称为水泥粉磨。生料制备、熟料煅烧和水泥粉磨这三个阶段，亦可简称为"两磨一烧"的工艺流程，如图 1-1 所示。

图 1-1 硅酸盐水泥的生产流程

上述过程中最关键的一环是，生料通过煅烧形成所要求矿物组成的水泥熟料，因此要严格控制生料的化学成分、均化程度及煅烧条件。煅烧熟料的窑型主要有回转窑（旋窑）和立窑两类。立窑适用于规模较小的工厂，大、中型厂宜用回转窑。回转窑又分为干法窑、立波尔窑、湿法窑。目前，因减排节能要求立窑已基本淘汰，主要是产量高能耗低的回转窑为主。

水泥的生产方式有湿法、干法和半干法三种。湿法生产，是生料粉磨时加水制成含水分 32%～38% 的生料浆后喂入湿法回转窑内烧制熟料的生产方法。干法生产，是生料采用干法粉磨，而后喂入干法回转窑内烧制熟料的生产方法。由于干法生产热耗低、质量好，生产工艺技术进步快，它已由原始的中空回转窑发展为带余热锅炉发电的回转窑、立筒预热器窑、多级悬浮预热器窑以及先进的新型干法窑——窑外分解窑。半干法生产，是将干生料加水成球（水分 12%～15%），而后喂入立窑或立波尔窑（一种带炉箅加热机的回转窑）烧制熟料的生产方法。

1.3.3 熟料煅烧

水泥生料在窑内的煅烧（烧成）过程，虽方法各异，且形成熟料的物理化学过程十分复杂，但都要经历干燥、预热、分解、固相反应、熟料烧成和冷却等几个阶段。在不同煅烧温度阶段其反应大致如下：

100～200℃：生料中的自由水逐渐蒸发而干燥。

200～500℃：生料被预热。

500～800℃：生料中的黏土矿物脱水并分解。如以高岭土为主要黏土矿物，黏土脱水后变成无定形的 Al_2O_3 和 SiO_2，反应式为：

$$Al_2O_3 \cdot 2SiO_2 \cdot 2H_2O \rightarrow Al_2O_3 + 2SiO_2 + 2H_2O \uparrow$$

600～800℃：碳酸钙开始少量分解，生成 CaO 和放出 CO_2，反应式为：

$$CaCO_3 \rightarrow CaO + CO_2 \uparrow$$

800～1000℃：900℃时碳酸钙进行大量分解，1000℃其分解基本完毕。

800～1200℃：分解出的 CaO 与 Al_2O_3、Fe_2O_3、SiO_2 通过质点的相互扩散发生固相反应。固相反应比较复杂，属于多级反应，可用下列反应式表示：

800～900℃：

$$CaO + Al_2O_3 \rightarrow CaO \cdot Al_2O_3$$
$$CaO + Fe_3O_3 \rightarrow CaO \cdot Fe_2O_3$$

900～1000℃：

$$3(CaO \cdot Al_2O_3) + 2CaO \rightarrow 5CaO \cdot 3Al_2O_3$$
$$2CaO + SiO_2 \rightarrow 2CaO \cdot SiO_2$$
$$CaO \cdot Fe_2O_3 + CaO \rightarrow 2CaO \cdot Fe_2O_3$$

（其中形成 $2CaO \cdot SiO_2$ 的反应大约至1200℃结束）

1000～1200℃：

$$5CaO \cdot 3Al_2O_3 + 4CaO \rightarrow 3(3CaO \cdot Al_2O_3)$$
$$5CaO \cdot 3Al_3O_3 + 3(2CaO \cdot Fe_2O_3) + CaO \rightarrow 3(4CaO \cdot Al_2O_3 \cdot Fe_2O_3)$$

1300℃左右：$3CaO \cdot Al_2O_3$ 与 $4CaO \cdot Al_2O_3 \cdot Fe_2O_3$ 熔融，物料中出现液相。部分 $2CaO \cdot SiO_2$ 和游离 CaO 溶解于液相中。

1350～1450℃：在液相中，$2CaO \cdot SiO_2$ 吸收游离 CaO 化合成 $3CaO \cdot SiO_2$，反应式为

$$2CaO \cdot SiO_2 + CaO \rightarrow 3CaO \cdot SiO_2$$

这一过程是煅烧水泥熟料的关键，必须达到足够的温度和停留足够的时间，使生成的 $3CaO \cdot SiO_2$ 的反应尽可能完全，以保证水泥的质量。

煅烧完成后，经快速冷却，即得到水泥熟料块。

1.3.4 硅酸盐水泥熟料的矿物组成与特性

硅酸盐水泥熟料中主要有四种矿物，其名称及含量见表1-2。

除主要熟料矿物外，水泥熟料中还含有少量的游离氧化钙、游离氧化镁、碱以及玻璃体等，通常 C_3S 和 C_2S 含量在75%左右，称为硅酸盐矿物，C_3A 和 C_4AF 含量在22%左右，称为熔剂矿物。这四种熟料矿物有其各自的水化特性，对水泥性能有不同的影响。各

种矿物单独与水作用时所表现的特性汇总列于表 1-3 中。

硅酸盐水泥熟料矿物组成　　　　　　　　表 1-2

矿物名称	化学式	简写式	别　　称	大致含量
硅酸三钙	$3CaO \cdot SiO_2$	C_3S	阿利特（A 矿）	38% ~60%
硅酸二钙	$2CaO \cdot SiO_2$	C_2S	贝利特（B 矿）	15% ~35%
铝酸三钙	$3CaO \cdot Al_2O_3$	C_3A		5% ~12%
铁铝酸四钙	$4CaO \cdot Al_2O_3 \cdot Fe_2O_3$	C_4AF	才力特（C 矿）	10% ~20%

硅酸盐水泥熟料矿物的水化特性　　　　　　　　表 1-3

水化特性		熟料矿物			
		C_3S	C_2S	C_3A	C_4AF
水化速率		快	慢	最快	快，仅次于 C_3A
水化放热量		多	少	最多	中
强度	早期	高	低	低	低
	后期	高	较高	低	低
耐化学腐蚀性		差	好	最差	中
化学减缩		中	小	最大	大
干燥收缩		大	中	最大	小

水泥是几种不同特性的熟料矿物的混合物，改变熟料矿物成分之间的比例，水泥的性质和用途也将随之改变。例如，增加熟料中 C_3S 和 C_3A 的相对含量，可生产出快硬硅酸盐水泥；降低 C_3A 和 C_3S 含量，增加 C_2S 含量，可生产出水化热较低的水泥，如中热硅酸盐水泥。

1.4　水泥的水化硬化过程

水泥加水拌合后，最初形成具有可塑性的浆体，水泥颗粒表面的矿物开始在水中溶解并与水发生水化反应，随着水化反应的进行，水泥浆体逐渐变稠失去可塑性，但尚不具有强度的过程，称为水泥的"凝结"。随着水化反应的进一步进行，凝结了的水泥浆开始产生强度并逐渐发展成为坚硬的石状体——水泥石，这一过程称为"硬化"。水化是水泥产生凝结硬化的前提，而凝结硬化则是水泥水化的结果。凝结和硬化是人为划分的，实际上是一个连续的、复杂的物理化学变化过程，这些变化决定了水泥一系列的技术性能。

1.4.1　硅酸盐水泥的水化

水化是水泥颗粒与水接触，熟料矿物与水发生水化作用，由无水状态转变成含结合水的水化物的反应过程，该过程伴随一定热量的放出。

1. 硅酸三钙

在常温下，C_3S 的水化可大致用下式表述：

$$3CaO \cdot SiO_2 + nH_2O \Longrightarrow xCaO \cdot SiO_2 \cdot yH_2O + (3-x)Ca(OH)_2$$

硅酸三钙水化较快，水化放热量高，水化产物是水化硅酸钙和氢氧化钙。水化硅酸钙几乎不溶于水，而立即以胶体微粒析出，并逐渐凝聚成为凝胶。水化硅酸钙是大小与胶体物质相当（1～100nm）、结晶较差的纤维状或网状粒子，其组成并不是固定的，随一系列因素变化而变化。所以统称为 C-S-H 凝胶。氢氧化钙微溶于水，在溶液中的浓度很快达到饱和，呈六方片状晶体析出。

2. 硅酸二钙

C_2S 的水化过程与 C_3S 极为相似，其水化反应表述为：

$$2CaO \cdot SiO_2 + mH_2O \Longrightarrow xCaO \cdot SiO_2 \cdot yH_2O + (2-x)Ca(OH)_2$$

C_2S 水化与 C_3S 的差别是其水化速率特别慢，水化放热量小。

3. 铝酸三钙

C_3A 水化过程的特征是反应极快，水化放热量大，水化产物的组成与结构受水化条件影响大。

在常温下，C_3A 单独与水反应时，可用下式表述：

$$3CaO \cdot Al_2O_3 + 6H_2O \Longrightarrow 3CaO \cdot Al_2O_3 \cdot 6H_2O$$

生成的水化铝酸三钙为立方晶体。

在硅酸盐水泥浆体中，熟料中的 C_3A 实际上是在 $Ca(OH)_2$ 和石膏存在的环境中水化的，C_3A 在 $Ca(OH)_2$ 饱和溶液中的水化反应可表述为：

$$3CaO \cdot Al_2O_3 + Ca(OH)_2 + 12H_2O \Longrightarrow 4CaO \cdot Al_2O_3 \cdot 13H_2O$$

生成的水化铝酸四钙为六方片状晶体，在室温下，能稳定存在于水泥浆体的碱性介质中，其数量增长也很快，足以阻碍粒子的相对移动，这是水泥浆体产生瞬时凝结的主要原因之一。因此，在水泥粉磨时，需加入适量的石膏以调整其凝结时间。

在有石膏和氢氧化钙同时存在时，C_3A 开始水化生成的水化铝酸四钙会立即与石膏反应，其反应式为：

$$4CaO \cdot Al_2O_3 \cdot 13H_2O + 3(CaSO_4 \cdot 2H_2O) + 14H_2O$$
$$\Longrightarrow 3CaO \cdot Al_2O_3 \cdot 3CaSO_4 \cdot 32H_2O + Ca(OH)_2$$

生成的三硫型水化硫铝酸钙，又称钙矾石（以 AFt 表示），是难溶于水的针状晶体，它在水泥颗粒表面很快形成一层"保护膜"，阻碍水分子及离子的渗透与溶解，延缓水化。

当石膏耗尽，而水泥中还有未完全水化的 C_3A 时，C_3A 的水化产物水化铝酸四钙又能与钙矾石反应生成单硫型水化硫铝酸钙，即：

$$3CaO \cdot Al_2O_3 \cdot 3CaSO_4 \cdot 32H_2O + 2(4CaO \cdot Al_2O_3 \cdot 13H_2O)$$
$$\Longrightarrow 3(3CaO \cdot Al_2O_3 \cdot CaSO_4 \cdot 12H_2O) + 2Ca(OH)_2 + 20H_2O$$

单硫型水化硫铝酸钙为六方板状晶体，以 AFm 表示。

4. 铁铝酸四钙

C_4AF 的水化反应与 C_3A 相似，只是水化反应速度稍慢，水化热较低。C_4AF 单独与水反应时，生成水化铝酸三钙晶体和水化铁酸一钙凝胶，即：

$$4CaO \cdot Al_2O_3 \cdot Fe_2O_3 + 7H_2O \Longrightarrow 3CaO \cdot Al_2O_3 \cdot 6H_2O + CaO \cdot Fe_2O_3 \cdot H_2O$$

在有氢氧化钙存在下，C_4AF 按下式水化形成水化铁铝酸四钙：

$$4CaO \cdot Al_2O_3 \cdot Fe_2O_3 + 4Ca(OH)_2 + 22H_2O \Longrightarrow 2[4CaO \cdot (Al_2O_3 \cdot Fe_2O_3) \cdot 13H_2O]$$

在有氢氧化钙和石膏同时存在下，其水化反应如下：

$$4CaO \cdot Al_2O_3 \cdot Fe_2O_3 + 2Ca(OH)_2 + 6(CaSO_4 \cdot 2H_2O) + 50H_2O$$
$$\Longrightarrow 2[3CaO \cdot (Al_2O_3 \cdot Fe_2O_3) \cdot 3CaSO_4 \cdot 32H_2O]$$

如上所述，C_4AF 的水化产物与 C_3A 的水化产物相比，其主要差别是部分 Al_2O_3 被 Fe_2O_3 所代替，其他规律大体相当。

综上所述，如果忽略一些次要的和少量的组分，硅酸盐水泥水化后的主要水化产物有：水化硅酸钙凝胶（C-S-H）、水化铁酸一钙凝胶、$Ca(OH)_2$ 晶体（CH）、水化铝酸钙晶体和水化硫铝酸钙晶体（AFt 或 AFm）。在充分水化的水泥石中，各种水化物的质量比估计为：C-S-H 约 70%，CH 约 20%，AFt 和 AFm 约 7%，未水化熟料颗粒和其他微量组分约 3%。

硅酸盐水泥颗粒是多矿物、多组分的聚集体，其中除了上述主要矿物外，还有少量的次要组成，如 Na_2O、K_2O、MgO 以及石膏，所以水泥的水化更为复杂。水泥加水后，水泥粒子立即与水反应发生溶解，使纯水立即变为含有多种离子的溶液，溶液中的主要离子有 Ca^{2+}、K^+、Na^+ 和 OH^-、$[SiO_4]^{4-}$、$Al(OH)_4^-$、SO_4^{2-}。因此，水泥的水化作用开始后，基本上是在含碱的氢氧化钙和硫酸钙的饱和溶液中进行，在溶液中 SO_4^{2-} 耗尽后，水化则在饱和氢氧化钙溶液中进行。由于碱的存在，会影响液相中 $Ca(OH)_2$ 的过饱和度，因而也会影响熟料矿物的水化。硅酸盐水泥的水化不同于熟料单矿物水化的另一特点是不同矿物彼此之间对水化过程也要产生影响。例如在少量 C_3S 的条件下，C_2S 的水化速率要比只有 C_2S 单矿物的水化速率快些；另外，C_3A 的存在对硅酸钙的水化也会产生影响，少量的 C_3A 对 C_3S 的水化和强度起着有利的作用，但当 C_3A 超过一定量时，则浆体强度下降。

1.4.2 硅酸盐水泥的凝结硬化过程

硅酸盐水泥的凝结硬化过程是一个非常复杂的物理化学变化过程，100 余年来，其理论不断完善，但至今尚存在不同看法，仍有许多问题有待进一步研究，以下将硅酸盐水泥的凝结硬化过程分为四个阶段进行简要介绍（图 1-2）。

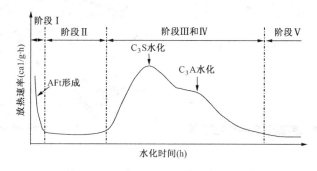

图 1-2 硅酸盐水泥水化期间的放热速率

1. 初始反应期

水泥加水拌合后，未水化水泥颗粒分散在水中，成为水泥浆体。水泥颗粒遇水后，其表面的熟料矿物立即溶解，然后与水反应，C_3A 首先水化，并在有石膏的条件下迅速形成钙矾石（AFt）晶体析出。与此同时，暴露在水泥颗粒表面的 C_3S 也溶解于水，水化生成的 $Ca(OH)_2$ 立即溶于水中，并使溶液 pH 值迅速增至 13，浓度达到过饱和后，$Ca(OH)_2$ 结晶析出。此阶段约经历 10min，仅 1% 的水泥水化，先后析出的 C-S-H 凝胶、AFt 晶体和 $Ca(OH)_2$ 晶体等水化产物，附着在水泥颗粒表面。

2. 诱导期

在初始反应期后，即进入反应迟缓的阶段，一般要持续 1~2h，称为诱导期。在此期间，由于生成的 AFt 晶体和 C-S-H 凝胶等水化产物集聚在水泥颗粒表面，形成了一层薄膜，把水与未水化的颗粒隔开，于是反应缓慢。该阶段反应放热量小，水化产物增加不多，包裹有水化膜层的水泥颗粒之间还是分离着的，水泥浆体仍具有可塑性。

3. 凝结期

诱导期中，水缓慢穿透水泥颗粒表面的膜层，与熟料矿物水化，而水化物穿透膜层的速度小于水分子深入膜层的速度，形成渗透压，导致膜层破裂，暴露出来的膜内熟料矿物进一步水化，结束了诱导期，水化又加快，进入加速期。随着时间的增长，大量生成 C-S-H凝胶和 $Ca(OH)_2$ 晶体，还继续生成 AFt。

由于水泥水化产物固相体积约为水泥体积的 2.2 倍，生成的大量水化产物填充水泥颗粒间的空隙（原来被水占据的空间），水的消耗与水化产物的填充使水泥颗粒逐渐靠近，生成的凝胶状水化产物也在某些点接触，在接触点借助范德华力，凝聚成疏松的网状结构，水泥浆逐渐变稠，开始失去可塑性，也就是水泥浆体的"初凝"，但这时还不具有强度。

随着时间的推移，新生水化物不断增多，颗粒间接触点数目增加，针棒状 AFt 晶体相互搭接，纤维状 C-S-H 凝胶交叉攀附，使原先分散的水泥颗粒以及水化物相互连接起来，而且还不断增大化学键力，到一定的程度，水泥浆体完全失去可塑性，形成充满颗粒间隙的紧密网状结构，使水泥浆体具有抵抗外力的一定强度，这时达到"终凝"，并开始进入硬化期。凝结期一般要持续 6h，在凝结期终了时，约有 15% 的水泥水化。

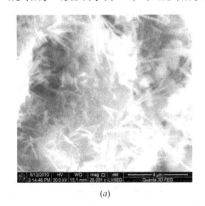
(a)

(b)

图 1-3　硅酸盐水泥水化生成主要产物

（a）C-S-H 凝胶；（b）氢氧化钙和钙矾石

4. 硬化期

进入硬化期后，水化速度逐渐减慢，一般认为以后的水化反应时以固相反应的形式进行。水泥水化约24h后，C_4AF 和 C_2S 也不同程度地参与水化，由于石膏耗尽，AFt 将转变为 AFm。随时间增长，水化物逐渐增加，并填充于水泥石的毛细孔中，使结构更趋致密，强度相应提高。在适当的温度、湿度条件下，水泥的硬化过程可以持续若干年。

需要说明的是，水泥在水化过程中，无水熟料矿物转变为水化物，固相体积逐渐增加，但水泥-水体系的总体积却在不断减小，由于这种体积减缩因为化学反应所致，故称为化学减缩。发生减缩作用的原因，是由于水化前后反应物和生成物的平均密度不同。对硅酸盐水泥来说，每100g水泥水化的减缩总量为 7~9ml，这个数值是比较大的，它会引起混凝土孔隙率的增加，并影响抗渗性、抗冻性以及耐久性等。

1.4.3 硅酸盐水泥石的组成与结构

水泥的水化反应是从颗粒表面逐渐向内核深入的，开始时水化速度较快，水泥的强度增长也快，但随水化反应的不断进行，水化物包裹在水泥颗粒表面的厚度与致密度不断增加，以致阻碍水分的继续渗透，使水泥颗粒内部的水化越来越困难。实际上，即使经过长时间（几个月甚至几年）的水化，水泥颗粒的内核也很难完全水化。因此，硬化后的水泥石是由凝胶体（主要是 C-S-H 凝胶）、结晶体〔包括 Ca（OH）$_2$、水化硫铝酸钙喝水化铝酸钙〕、未水化水泥颗粒、水和少量的空气，以及由水和空气占有的孔隙网所组成的不匀质结构体，因此它是一个固-液-气三相多孔体。水泥石的性质主要取决于这些组成的性质、它们的相对含量，以及它们之间的相互作用。

水化物的数量决定于水泥的水化程度，水化物的组成和结构又主要决定于水泥熟料矿物的性质以及水化硬化的环境。水泥石中的孔隙按其大小一般可分为四类：①凝胶孔，是水化硅酸钙凝胶体粒子内部的孔隙，这种孔隙的尺寸比较小，其孔径为 1.5~3nm，凝胶孔一般占有凝胶体本身体积的28%；②毛细孔，是水泥-水体系中没有被水化产物填充的原来充水的空间，这类孔隙的尺寸比较大，其孔径为 100~1000nm；③过渡孔，是 C-S-H 凝胶体粒子之间以及其他水化产物之间的孔隙，其孔径介于凝胶孔与毛细孔之间，尺寸为 10~100nm；④大孔，搅拌过程中由于空气混进而产生的气孔，孔径大于 1000nm。水泥石中的水，一般分为吸附水、结晶水、化合水。吸附水又可分为凝胶水和毛细水。凝胶水填充于凝胶孔中，毛细水则填充于毛细孔中，一般为自由水。

水泥石水化物的组成随水化时间而变化，在常温下，水灰比为 0.5 时，硅酸盐水泥水化龄期为 3 个月的水泥石的体积组成大致为：C-S-H 凝胶约39%，CH 晶体约18%，AFm、AFt 及水化铝酸钙晶体约14%，未水化水泥约7%，孔隙约22%。

1.4.4 影响硅酸盐水泥凝结硬化的因素

水泥的凝结硬化过程，也就是水泥强度的发展过程。为了正确使用水泥，并能在生产中采取有效措施调节水泥水化硬化，了解影响因素非常必要。影响硅酸盐水泥凝结硬化的因素除矿物组成、水灰比外，还受下列因素的影响：

1. 细度

即水泥的磨细程度，水泥颗粒越细，总比表面积越大，与水接触的面积也越大，则水化速度越大，凝结硬化也越快。

2. 石膏掺量

水泥中掺入石膏，可调节水泥的凝结硬化速度。在水泥粉磨时，若不掺石膏或石膏掺量不足时，水泥加水后会很快凝结，无法施工。加入适量石膏，不仅可以延缓水泥浆体的凝结时间，同时还能提高早期强度。

C_3A 在石膏-石灰的饱和溶液中，生成溶解度极低的钙矾石，这些棱柱状的小晶体生长在颗粒表面，形成覆盖层或薄膜，覆盖并封闭了水泥颗粒表面，从而阻滞了水分子及离子的扩散，阻碍了水泥颗粒尤其是 C_3A 的进一步水化，故防止了快凝现象。随着扩散作用的继续进行，钙矾石增多，当钙矾石覆盖层增加到足够厚时，渗透到内部的 SO_4^{2-} 逐渐减少到不足以生成钙矾石，而形成单硫型水化硫铝酸钙、C_4AH_{13} 及其固溶体，并伴随有体积增加。当固相体积增加所产生的结晶压力达到一定数值时，钙矾石膜就会局部胀裂，水和离子的扩散失去阻碍，水化就能得以继续进行。

石膏掺量过多或过少都会导致不正常凝结：当石膏掺量（以 SO_3 计）小于约 1.3% 时，石膏掺量过小，水泥会产生快凝。进一步增加 SO_3 含量时，石膏才出现明显的缓凝作用，但石膏掺量（以 SO_3 计）超过 2.5% 以后，凝结时间增长很少。石膏的适宜掺量，应是加水后 24h 左右能够被耗尽的数量。

3. 养护时间（龄期）

水泥的水化是从表面向内部逐渐深入进行的，因此，随着时间的延续，水泥的水化程度不断增加，水化产物也不断地增加并填充毛细孔，使毛细孔孔隙率减少，凝胶孔孔隙率相应增多。因此，水泥石强度的发展是随龄期而增长的。一般在前 28d，水化速度较快，强度发展也快，28d 之后显著减慢，90d 以后更为缓慢。但只要维持适当的温度与湿度，水泥的水化将不断进行，水泥强度的增长可持续几个月、几年甚至几十年。

4. 养护温度和湿度

养护是指保持适宜的环境温度和湿度，使水泥石强度不断增长的措施。

温度对水泥的凝结硬化影响很大。温度提高会加速水泥的水化反应，使早期强度增长快，但通常后期强度会有所降低。温度降低时，虽然水化反应减缓，强度增长缓慢，但可获得较高的最终强度。当温度低于 0℃ 时，水化反应基本停止，并可能因冰冻而破坏水泥石结构。因此，冬期施工需要采取保温等措施。

环境湿度大，水分不易蒸发，水泥石能保持足够的水分进行水化和凝结硬化。如果处于干燥环境，当水泥石中的水分蒸发完毕后，水化作用将无法继续进行，硬化立即停止，强度也不再增长，甚至还会在水泥石表面产生干缩裂缝。因此，水泥混凝土必须加强潮湿养护，特别是在浇筑后的 2～3 周内。

1.5　水泥的基本技术性能

水泥的主要技术要求，可分为化学指标和物理指标两大类。

1.5.1 化学指标

通用硅酸盐水泥的化学指标主要包括不溶物、烧失量、三氧化硫含量、氧化镁含量和氯离子含量等几个指标，其具体规定如表1-4所示。另外，水泥的碱含量是按 $Na_2O + 0.658K_2O$ 计算值表示，为水泥的一项选择性指标。若使用活性集料，用户要求提供低碱水泥时，水泥中的碱含量应不大于0.60%或由买卖双方协商确定。

通用硅酸盐水泥的化学指标（GB175-2007）　　　　表1-4

品　　种	代号	不溶物（%）	烧失量（%）	三氧化硫（%）	氧化镁（%）	氯离子（%）
硅酸盐水泥	P·Ⅰ	≤0.75	≤3.0	≤3.5	≤5.0	≤0.06
	P·Ⅱ	≤1.50	≤3.5			
普通硅酸盐水泥	P·O	—	≤5.0			
矿渣硅酸盐水泥	P·S·A	—	—	≤4.0	≤6.0	
	P·S·B	—	—		—	
火山灰质硅酸盐水泥	P·P	—	—	≤3.5	—	
粉煤灰硅酸盐水泥	P·F	—	—		≤6.0	
复合硅酸盐水泥	P·C	—	—			

1.5.2 物理指标

通用硅酸盐水泥的物理指标主要包括凝结时间、安定性、强度和细度。

1. 凝结时间

水泥的凝结时间分为初凝时间和终凝时间。初凝时间：从加水至水泥浆开始失去塑性的时间。终凝时间：从加水至水泥浆完全失去塑性并开始产生强度的时间。水泥凝结时间的长短决定于其凝结速度的快慢，凡是影响水化速度的各种因素，基本上也同样影响水泥的凝结速度，如熟料矿物组成、水泥细度、水灰比、温度和外加剂等。但水化和凝结又有一定的差异，例如，水灰比越大，水化越快，凝结反而变慢。这是因为加水量过多，颗粒间距增大，水泥浆体结构不易紧密，网络结构难以形成的缘故。

决定水泥凝结的主要矿物是 C_3A 和 C_3S；在 C_3A 含量较高或石膏等缓凝剂掺量过少时，出现"速凝"或"闪凝"。产生这种不正常快凝时，浆体迅速放出大量热，温度急剧上升。但是如果 C_3A 比较少（≤2%）或掺加有石膏等缓凝剂，就不会出现快凝现象。

水泥的凝结快慢则主要由 C_3S 水化决定，快凝时由 C_3A 造成的，而正常凝结则是受 C_3S 制约的；化学组成和煅烧温度相同的熟料，快冷凝结正常而慢冷凝结较快；水化产物是凝胶状的，则会形成薄膜，包裹在未水化的水泥周围，阻碍矿物的进一步水化，因而能延缓水泥的凝结。

水泥的凝结时间在施工中具有重要意义。初凝不宜过快，以便有足够的时间在初凝前完成混凝土和砂浆的搅拌、运输、浇捣或砌筑等各工序。终凝也不宜过迟，以使施工完毕后，尽快硬化，产生强度，以便下道工序及早进行。

国家标准规定：硅酸盐水泥初凝不小于45min，终凝不大于390min；普通硅酸盐水泥、矿渣硅酸盐水泥、火山灰质硅酸盐水泥、粉煤灰硅酸盐水泥和复合硅酸盐水泥初凝不小于45min，终凝不大于600min。

水泥的快凝是指熟料粉磨后与水混合时很快凝结并放出热量的现象；水泥的假凝是指水泥的一种不正常的早期固化或过早变硬的现象（表1-5）。

快凝与假凝现象对比 表1-5

	假 凝	快 凝
特点	放热量极微； 搅拌恢复塑性	放热量大； 搅拌后不能恢复塑性
原因	石膏脱水造成	C_3A 水化生成 C_4AH_{13}
措施	降低入磨熟料温度； 降低磨内温度； 存放一定时间或搅拌	加入适量石膏； 降低铝率，提高 KH

2. 安定性

水泥的体积安定性，是指水泥在凝结硬化过程中体积变化的均匀性。体积安定性不良主要是指水泥在硬化后，产生不均匀的体积变化。一般是由于熟料中所含的游离氧化钙过多，也可能是由于熟料中所含的游离氧化镁过多或掺入的石膏过多。熟料中所含的游离氧化钙或氧化镁都是过烧的，熟化很慢，在水泥已经硬化后才进行熟化，此时体积发生膨胀，引起不均匀的体积变化，造成水泥石开裂现象。如果水泥凝结硬化后体积变化不均匀，水泥混凝土构件将产生膨胀性裂缝，降低建筑物质量，甚至引起严重事故，因此体积安定性必须合格。体积安定性不良的水泥作废品处理，不能用于工程中。

国家标准规定：通用硅酸盐水泥的安定性用沸煮法检验应合格。用沸煮法检验水泥的体积安定性，只能加速氧化钙的熟化作用，所以能检验出游离氧化钙是否会引起体积安定性不良。游离氧化镁在压蒸下才能加速熟化，石膏的危害则需长期在常温水中才能发现，所以沸煮法对两者均不适用。

3. 强度

水泥加水拌合后，水泥矿物迅速水化，生成大量的水化产物 C-S-H 凝胶，并生成 Ca(OH)$_2$ 及钙矾石（AFt）晶体。经过一定时间以后，C-S-H 凝胶也以长纤维晶体从熟料颗粒上长出，同时钙矾石晶体逐渐长大，它们在水泥浆体中相互交织联结，形成网状结构，从而产生强度。随着水化的进一步进行，水化产物数量不断增加，晶体尺寸不断长大，从而使硬化浆体结构更为致密，强度逐渐提高。另一种观点认为，硬化水泥浆体强度的产生，是由于水化产物尤其是 C-S-H 凝胶所具有的巨大表面能，导致颗粒产生范德华力或化学键力，吸引其他离子形成空间网络结构，从而具有强度。

通常按龄期讲 28d 以前的强度称为早期强度，28d 以及以后的强度称为后期强度。水泥强度及其发展与很多因素有关，如熟料的矿物组成、水泥细度、水灰比、养护温度、石膏掺量以及外加剂等。

水泥强度等级按规定龄期的抗压强度和抗折强度来划分，是评定其质量的重要指标。硅酸盐水泥的强度等级分为 42.5、42.5R、52.5、52.5R、62.5、62.5R 六个等级；普通硅酸盐水泥的强度等级分为 42.5、42.5R、52.5、52.5R 四个等级；矿渣硅酸盐水泥、火山灰质硅酸盐水泥、粉煤灰硅酸盐水泥、复合硅酸盐水泥的强度等级分为 32.5、32.5R、42.5、42.5R、52.5、52.5R 六个等级（其中 R 型水泥为早强型）。

不同品种不同强度等级的通用硅酸盐水泥，其各龄期的强度应符合表 1-6 的规定。

水泥强度等级要求（GB175-2007） 表 1-6

品　　种	强度等级	抗压强度（MPa）		抗折强度（MPa）	
		3d	28d	3d	28d
硅酸盐水泥	42.5	≥17.0	≥42.5	≥3.5	≥6.5
	42.5R	≥22.0		≥4.0	
	52.5	≥23.0	≥52.5	≥4.0	≥7.0
	52.5R	≥27.0		≥5.0	
	62.5	≥28.0	≥62.5	≥5.0	≥8.0
	62.5R	≥32.0		≥5.5	
普通硅酸盐水泥	42.5	≥17.0	42.5	≥3.5	≥6.5
	42.5R	≥22.0	42.5	≥4.0	
	52.5	≥23.0	52.5	≥4.0	≥7.0
	52.5R	≥27.0	52.5	≥5.0	
矿渣硅酸盐水泥 火山灰质硅酸盐水泥 粉煤灰硅酸盐水泥 复合硅酸盐水泥	32.5	≥10.0	≥32.5	≥2.5	≥5.5
	32.5R	≥15.0		≥3.5	
	42.5	≥15.0	≥42.5	≥3.5	≥6.5
	42.5R	≥19.0		≥4.0	
	52.5	≥21.0	≥52.5	≥4.0	≥7.0
	52.5R	≥23.0		≥4.5	

4. 细度

细度为水泥的选择性指标，是指水泥颗粒的粗细程度。硅酸盐水泥和普通硅酸盐水泥以比表面积表示，不小于 300m²/kg；矿渣硅酸盐水泥、火山灰质硅酸盐水泥、粉煤灰硅酸盐水泥和复合硅酸盐水泥以筛余表示，80μm 方孔筛筛余不大于 10% 或 45μm 方孔筛筛余不大于 30%。水泥颗粒越细，粉磨过程中的能耗大，水泥成本就高；而水泥颗粒越粗，越不利于水泥活性的发挥，因此细度应适宜。

5. 标准稠度用水量

由于加水量的多少，对水泥的一些技术性质（如凝结时间）的测定值有很大影响，故需要一个标准，即标准稠度用水量。它是指水泥浆达到特定塑性状态（标准稠度）时所需的用水量（以占水泥的质量百分数表示），也称需水量，其含义是水泥颗粒正好被拌合水包裹时的用水量。

硅酸盐水泥的标准稠度需水量一般为 24% ~ 30%，其大小主要与矿物组成和细度有关。熟料矿物 C_3A 的需水量较大，C_3S 的需水量较小。水泥粉磨细度越细，需水量也越大。

6. 水化热

水泥在水化过程中放出的热量，称之为水泥的水化热（kJ/kg）。硅酸盐水泥水化热的大部分是在水化早期（1 ~ 7d）放出的，以后逐步减少。一般水化 1 ~ 3d 的放热量约为总放热量的 50%，7d 为 75%，3 ~ 6 个月为 80% ~ 90%。大量实验表明，水泥的水化热与其矿物组成有关。熟料中各单矿物的水化热大小顺序为：

$$C_3A > C_3S > C_4AF > C_2S$$

水泥水化放热量的大小及放热速率，不仅取决于水泥熟料的矿物组成，而且还与水泥细度，水泥中混合材料及外加剂的品种、数量等有关。几种熟料矿物中，C_3A 放热量最大，速度也快；C_3S 放热量稍低；C_2S 放热量最低，速度也慢。水泥细度越小，水化反应越容易进行，因此水化放热量越大，放热速率也越快。在水泥中掺入起加速水化反应的物质（如早强剂、速凝剂），均能提高早期水化热；反之，掺入起延缓水化反应的物质（如缓凝剂、混合材料），则能降低早期水化热。

水泥的这种放热特性有利有弊。冬期施工时，水化热有利于水泥的正常凝结硬化。而对大体积混凝土工程，如大型基础、大坝、桥墩等，水化热大则是不利的。由于水化热集聚在混凝土内部不易散出，而表面散热很快，于是混凝土内部与表面产生较大的温差，引起局部拉应力，使混凝土产生裂缝。因此，对于大体积混凝土工程，不宜采用硅酸盐水泥，而应采用水化热较低的其他水泥。

7. 密度与堆积密度

在进行混凝土配合比计算和储运水泥时，需要知道水泥的密度和堆积密度。硅酸盐水泥的密度，一般在 3.1 ~ 3.2g/cm³ 之间，松散状态时的堆积密度为 900 ~ 1300kg/m³，紧密状态时可达 1400 ~ 1700kg/m³。

第2章 混 凝 土

2.1 原 材 料

2.1.1 集料

集料在混凝土中主要起填充作用。一般集料占混凝土体积的 60% ~ 75%（质量为 70% ~ 85%），集料是混凝土的主要组分，对新拌及硬化混凝土的性能、配合比与经济性有显著的影响，混凝土中使用合适类型且质量优良的集料是非常重要的。集料的重要性质包括强度等力学性质，密度、含水率、孔结构等物理性质，有害组成含量及其相应的反应活性等化学性质。另外，混凝土的配合比设计还要求考虑到集料颗粒的表面形态、级配及最大颗粒尺寸等。集料是水泥混凝土中单价最低的组分，因此希望在混凝土中多掺入集料。但经济性并不是使用集料的唯一原因，集料的掺入还有助于提高混凝土的体积稳定性和耐久性。

1. 集料的分类

混凝土集料可按其颗粒尺寸、密度及来源进行分类。

按颗粒尺寸大小，集料可分为粗集料和细集料。粒径大于 5mm 的集料为粗集料，而粒径小于 5mm 的集料为细集料。粗集料常常也称为石，由一种或几种卵石或碎石混合组成，要求大部分颗粒粒径大于 5mm；细集料常常称为砂，通常采用天然砂或破碎石材。但应注意的是，粗集料中会含有一些细集料，细集料中也会含有一些粗集料。有时还将粒径小于 75μm 的细集料称之为细粉颗粒，在性能测定及应用上，也将细集料和细粉颗粒分开考虑。

集料可以依据密度分为中密度集料（普通集料）、低密度集料（轻质集料）和高密度集料（重质集料）。普通集料的密度为 2.50 ~ 2.90g/cm^3；重质集料的密度为 3.00 ~ 5.00g/cm^3；轻质集料的密度则低于 2.50g/cm^3。重质集料一般用于防辐射混凝土结构；轻质集料则有减轻混凝土自身质量和隔声等作用。

集料按来源分为天然和人工集料。天然普通集料可以是经过风化、磨蚀作用而形成的天然卵石及砂矿藏，对它们稍做处理后即是天然集料；天然的卵石和砂多挖掘或采捞于矿床、河流、湖泊或海床。采石场通过直接的机械破碎，将岩石、巨石、圆石或大块的卵石制备成碎石或砂；气冷的高炉矿渣也可破碎作为粗集料或细集料使用，这些集料为人工集料。

2. 集料的性质

集料的特性会影响到新拌混凝土和硬化混凝土的性能。集料的性质可以分为：物理性质、力学性质、化学性质、颗粒性质及其他有关性质。经常需要测定的集料物理性质包括密度、孔结构、含水率、热性质等；力学性质包括强度等有关性质；化学性质主要考虑的是碱-集料反应；颗粒性质则是考虑到混凝土对集料颗粒的表面形貌、级配及最大颗粒尺寸的要求；其他有关性质则包括集料的一些矿物特性及其微量有害组分的影响等。

（1）物理性质

集料的物理性质主要包括密度、表观密度、堆积密度、吸湿性、含水率、孔结构及其热性质，这些性质都会对混凝土的最终性能产生重要的影响。例如表观密度和含水率为混凝土配合比设计的参数，孔结构则关系到集料的强度及其吸湿性，而热性质则决定了混凝土的传热及抗热冲击的能力。

1）密度、表观密度、堆积密度

集料的密度是在一定温度和绝对密实状态下，单位体积集料的质量。集料的表观密度是单位表观体积集料的质量，表观密度用于混凝土混合料的配合比的控制。粒状材料不可能完全相互填充，即在颗粒之间留有空隙，这种空隙受颗粒的形状、粒径分布、密实作用等因素的影响。集料的堆积密度可以定义为具有代表性颗粒的单位体积的质量。集料的堆积密度有密实和松散两种表示方法。

集料的堆积密度与空隙率之间有一定的关系，当一个参数增大时，另一个参数则会减小。集料的堆积密度取决于集料紧密堆积的程度。对于给定集料来源，集料堆积密度的变化则表现集料外形和粒级的变化。同一粒径的集料只能被堆积到一定的密实程度，但较小的集料则会填充到大集料颗粒之间的空隙中，使集料的单位质量增加。集料的堆积密度还与集料的含水率有一定关系。集料由于含有表面水分，其湿胀作用会使集料的堆积密度下降。水的表面张力会将集料颗粒粘结在一起，使集料较难密实。因此，实际进行混凝土配合比设计时，应进行有关参数的调整。集料密实和松散堆积密度可以用于混凝土的配合比设计。集料堆积密度的确定也可以直接用于预置集料混凝土用量的计算。

2）吸湿性

集料的吸湿指的是集料颗粒内部孔隙渗入水的过程，一般用集料浸泡在水中24h吸收的水分来确定。由于固定了吸湿时间，集料的吸湿性也可以认为是集料的结构和孔尺寸的函数。集料的吸湿量即为全干状态下的质量与饱和面干状态下的质量的差值。图2-1显示集料的四种水分条件：全干、气干、饱和面干及湿润状态。集料的吸湿性测试仅包括全干和饱和面干两种状态。通常，集料气干状态下的水分含量为0.5%左右，而饱和面干状态下的水分含量为2%左右。

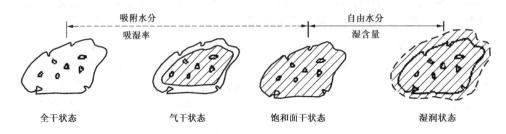

图2-1　集料不同的含湿状态示意图

3）表面水分

集料的表面水分即为孔隙以外的水分。集料表面水分实际上成为混凝土搅拌用水的一部分，因此在配合比设计时，要考虑集料表面水分的影响。另外，细集料会含有较多的表面水分，因为细集料颗粒之间的空隙较小，故有能力保留较多的表面水分。制备混凝土时，砂的表面水分可以用湿度计进行测定。集料的可蒸发水可采用电炉或微波炉加热等方式进行测定。表面水分则为可蒸发水的质量减去孔隙中吸附水的质量。粗集料的表面水分约为1%，细集料的表面水分则可达10%。集料的表面水分会随天气的变化而变化；另外，不同的料堆也会有不同的表面水分含量，因此应经常进行水分测定。

4）孔结构

集料颗粒含有一些孔隙，这是集料的重要特性之一。集料的孔隙有两种类型：一类在表面带有开口，另一类则是完全封闭的，但大多数集料的孔隙属于前一类，后一类孔隙与集料的热性质和弹性模量有一定的关系。不同的集料有不同的孔隙率，同一种集料的孔隙率也会在较大的范围内变化。如石灰石的孔隙率为0～37.6%，而砂岩的孔隙率则为1.9%～15.1%。集料的孔隙会给集料的性能及应用带来不利的影响，但由于一些条件的限制，混凝土的生产只能使用带有一些孔隙的集料。集料的孔隙会影响到其性质，包括热性能和弹性性能等。集料的孔隙还会在混凝土搅拌时储存一些水分，这不仅影响到混凝土的准确配合比，对混凝土的耐久性也有重要的影响。贮存或填充在集料孔隙中的水会由于冻结而产生膨胀，因而产生较大的内部应力，进而使集料及混凝土产生开裂。这一开裂的危险性取决于水在孔隙中的储存量，因而也取决于集料孔隙的性质。集料的抗冻融性能与孔尺寸分布有一定的关系，一般认为孔径为0.04～0.2μm的孔隙有不利影响。

5）热性能

集料的热性质对混凝土的热性质有重要的影响。集料热性质的重要性取决于混凝土结构的性质及其暴露条件。例如大体积混凝土的浇筑需考虑热稳定性和体积稳定性；当混凝土受到极端温度条件的作用，还要考虑混凝土各组分的热性质及其匹配性。集料的热性质包括热膨胀系数、热传导、热扩散和比热容。在这类性质中热膨胀系数最为重要，因为在混凝土结构设计中常常要考虑热膨胀系数。热传导、热扩散和比热容则在其他一些场合显得非常重要。如大体积混凝土需要有较好的散热性能，以防止热应力的产生；另一情况则包括隔热混凝土在温度变化条件下的耐久性。表2-1～表2-4列出了一些矿物和岩石的热性能。

<table>
<tr><td colspan="4" align="center">一些矿物和岩石的热膨胀系数　　　　　　　　　　　　　　表2-1</td></tr>
<tr><td align="center">矿　物</td><td align="center">热膨胀系数（10^{-6}/℃）</td><td align="center">岩　石</td><td align="center">热膨胀系数（10^{-6}/℃）</td></tr>
<tr><td align="center">石英</td><td align="center">11.5～12</td><td align="center">石英岩、硅页岩、燧岩</td><td align="center">11.0～12.5</td></tr>
<tr><td align="center">正长石、斜长石</td><td align="center">6.5～7.5</td><td align="center">砂岩</td><td align="center">10.5～12.0</td></tr>
<tr><td align="center">辉岩、闪岩</td><td align="center">6.5～7.5</td><td align="center">石英砂和卵石</td><td align="center">10.0～12.5</td></tr>
<tr><td align="center">橄榄石</td><td align="center">6～9</td><td align="center">泥质页岩</td><td align="center">9.5～11.0</td></tr>
<tr><td align="center">钠长石</td><td align="center">5～6</td><td align="center">白云石、菱镁矿</td><td align="center">7.0～10.0</td></tr>
</table>

矿 物	热膨胀系数（10^{-6}/℃）	岩 石	热膨胀系数（10^{-6}/℃）
方解石	4.5~5	花岗岩和片麻岩	6.5~8.5
奥长石、中长石	3~4	正长岩、安山岩、闪长岩、玄武岩	5.5~8.0
钙钠斜长岩	3~4	大理岩	4.0~7.0
钙长石	2.5~3	石灰岩	3.5~6.0

一些岩石的热传导率 表 2-2

岩 石	热传导率［W/（m·K）］	
	平 均 值	变 化 范 围
石英岩	6.7	5.9~7.4
白云岩	4.6	4.0~5.0
片麻岩	3.5	2.6~4.4
花岗岩	3.2	2.6~3.8
花岗闪长岩	3.2	2.9~3.5
辉绿岩	3.0	2.6~3.4
火成闪岩	2.9	2.6~3.8
石灰石	2.6	2.0~3.0

一些岩石的热扩散率 表 2-3

岩石种类	热扩散率（10^{-6} m²/s）	岩石种类	热扩散率（10^{-6} m²/s）
玄武岩	0.9	流纹岩	1.6
大理岩	1.0	橄榄岩	1.7
石灰岩	1.1	石英岩	2.6
辉长岩	1.2	白云岩	2.6
砂岩	1.3		

一切矿物和岩石的比热容 表 2-4

矿 物	比热容［10^3 J/（kg·K）］		岩 石	比热容［10^3 J/（kg·K）］		
	27℃	127℃		0℃	50~65℃	200℃
铁橄榄石	0.64	0.72	辉绿岩	0.70	—	0.87
石英	0.75	0.88	光岗岩	0.80	0.77	0.95

矿　物	比热容［10^3J/（kg·K）］		岩　石	比热容［10^3J/（kg·K）］		
	27℃	127℃		0℃	50~65℃	200℃
辉石	0.75	0.92	花岗闪长岩	0.70	—	0.95
微斜长石	0.77	0.85	石英岩	0.70	0.77	0.97
钙长石	0.77	0.88	闪长岩	0.71	0.81	0.99
金云母	0.77	0.92	辉长岩	0.72	—	0.99
镁橄榄石	0.77	0.95	板石岩	0.71	—	1.00
钠长石	0.80	0.92	大理岩	0.79	0.85	1.00
白云母	0.81	0.95	石灰岩	—	0.83	—
方解石	0.86	0.95	花岗岩麻岩	0.74	0.79	1.01
白云石	0.86	0.98	玄武岩	0.85	—	1.04

（2）力学性能

用于混凝土生产的集料应具有较高的固有强度、韧性和稳定性，以便能够抵御各种静态和动态应力、冲击及磨蚀作用，而不会导致混凝土性能的下降。混凝土结构会受到各种应用载荷的作用，因此要求集料能提供足够的强度。事实上，混凝土的强度一般不会超过集料的强度。另外，混凝土表面的集料还会暴露于各种使用环境中，如会受到各种摩擦作用和冲击作用。因此，在集料选择及混凝土结构设计时应考虑到集料的力学性质及其对混凝土性能的影响。

混凝土结构受到分布的静态或动态荷载作用，且未产生局部应力集中时，要求集料与周围的水泥浆体有很好的粘结，以便在集料颗粒之间进行应力传递。因此要求集料有很高的强度和刚性，并在应力传递时不会产生机械性破裂或过度的变形。集料的抗压和抗拉强度大多会比混凝土高，所以普通混凝土的薄弱环节为集料与水泥浆体的接触界面。有时采用的集料的强度则与混凝土的强度处于同一数量级，如一些轻质集料或是成本低廉的低质集料，这时集料的力学性质会对混凝土的性能产生直接的影响。另外，一些高强度混凝土（50~140MPa）的生产，对集料的力学性质也会有特殊的要求。

干湿循环、磨蚀等作用会直接施加在混凝土结构的表面，因而表面集料的性能对于确定混凝土的长期性能非常重要。冲击会导致集料颗粒的粉碎、沉陷或脱落，为提高抗冲击性能，集料应有较高的韧性。磨蚀可以使颗粒产生位移，或逐渐磨损。通常集料的抗压强度高，其抗磨蚀能力也较高。

有标准试验可以用于集料的耐磨蚀和抗冲击性能测定，其主要方法是将一定量的试样装在钢球磨中研磨一定的时间。集料试样的颗粒粒径有一定的范围，经研磨后，再进行筛分，测定通过一定孔径的筛的集料碎料，并表达为原试样的百分含量，即损失量。依据不同的测试参数选择，集料的损失量为13%~39%。

岩石的强度直接测定，但岩石的强度并不能直接转换成集料的强度。事实上，单个集料颗粒的强度测定较为困难，而常常需要的是采用一些间接的测定方法，如集料的压碎值等。由于集料的弹性模量与水泥浆体的弹性模量有一定的差值，会导致在浆体与集料接触面上产生微裂纹。集料的压碎强度约为200MPa，但有一些常用的集料的压碎强度也可能仅为80MPa，而石英岩的压碎强度则达530MPa。适宜的集料强度和弹性模量有助于混凝土的完整性。

（3）化学性能

集料的化学性质主要是指集料的化学反应活性及其对混凝土耐久性能的影响。集料中会存在一些有害物质，包括杂质、表面覆盖物及其他一些不坚实的集料颗粒。杂质会妨碍水泥的水化过程，表面覆盖物会影响到集料与水泥浆体的粘结，不坚实的集料颗粒也很容易破损。另外，集料中的一些活性组分还会与水泥组分发生膨胀破坏反应，这些都会影响到混凝土的耐久性。

集料中会混入一些有机物，主要包括由植物产生的腐殖质及一些有机土壤，这些有机物存在于细集料中的可能性较大，而在粗集料中则容易被冲洗掉。有机物的有害程度取决于其种类及存在的量。可以通过比色分析确定集料中有机物的含量，必要时再通过制备试样进行测定，以确定有机物对混凝土性能的影响。

集料表面的覆盖物会影响到集料与水泥浆体的良好粘结，进而也会影响到混凝土的强度和耐久性。集料表面的覆盖物可以是粉土，或是破碎粉尘。粉土的颗粒尺寸为 2 ~ 60μm，为岩石的风化产物。有些覆盖物还具有一定的化学反应活性，因而会导致一些有害反应。集料表面的覆盖物可以用水进行冲洗，但含量较低时一般不会对混凝土的性能产生不利影响。可以通过湿筛分等方法确定集料中的细粉含量。集料中会存在一些不坚实的颗粒，这种不坚实的颗粒有两种类型：一类是本身易于破裂；另一类是易于受到冻结时的膨胀破坏。页岩等一些低密度的集料可以认为是不坚实的，这些集料的应用会使混凝土产生剥落。混入集料中的黏土块、木块及煤块也有同样的影响。煤块还会产生膨胀，导致混凝土破裂。

集料本身会含有一些活性物质，并且会与水泥中的碱产生膨胀反应，进而导致混凝土的破坏，这类活性物质主要有活性硅组分和碳酸盐组分，与碱的反应分别称为碱-硅酸盐反应和碱-碳酸盐反应。碱-硅酸盐反应是集料的活性硅成分和水泥中碱之间的反应，二氧化硅的活性形式是蛋白石（无定形），玉髓（隐晶纤维），和鳞石英（结晶）。这些活性材料存在于：蛋白石或玉髓、燧石、硅质石灰石、流纹石和安山凝灰岩与千纹岩中。碱-硅酸盐反应可以通过降低混凝土总碱含量的方法加以抑制，如添加粉煤灰、采用低碱水泥等。碱-碳酸盐反应是集料中的碳酸钙镁与水泥中碱之间的反应，将集料中的白云石（$MgCO_3$）转化为水镁石 $Mg(OH)_2$，水镁石晶体排列的压力和黏土吸水膨胀，引起混凝土内部应力，导致混凝土开裂。碱-碳酸盐反应目前尚无有效的抑制措施。

（4）颗粒性质

集料的颗粒性质包括集料的表面组织、外形、级配及颗粒尺寸等。集料的颗粒性质对混凝土的性能有多方面的、重要的影响。

集料的表面组织会影响到其与水泥浆体的粘结性能，另外还会影响到混合料的用水量。集料颗粒形状也将影响混凝土的强度与和易性，尤以粗集料中的针片状颗粒对混凝土

22

的强度与和易性影响较大，特别是对抗折强度的损害更为显著。针状颗粒指岩石颗粒的长度大于该颗粒所属粒级的平均粒径2.4倍，厚度小于平均粒径的0.4倍者为片状颗粒。相关标准对各类粗集料中针、片状含量作了明确的限制。

集料级配是指集料大小颗粒相互搭配的数量比例。级配是通过一套标准筛筛分试验，计算累计筛余率来确定。集料级配好坏对节约水泥和保证混凝土具有良好的和易性有很大关系。在混凝土中，作为填充集料空隙和包裹集料颗粒表面的水泥浆，其数量取决于集料间空隙率的大小和集料的总表面的大小。较小的粒间隙率和较小的总表面积，可以减少水泥浆的需求量，也就是节约水泥用量，因而具有重要的经济意义。另一方面，对于较大空隙率和较大表面积的集料，如若提供的水泥浆数量不足，则混凝土拌合物的和易性和硬化混凝土的密实度、强度以及耐久性等重要技术性质都将难以保证。而集料的空隙率和表面积主要由集料颗粒级配决定。

细集料（砂）的粗细程度和颗粒级配用筛分法测定，用细度模数表示粗细，用级配区间表示级配。

《建筑用砂》（GB/T14684-2011）和《普通混凝土用砂、石质量及检测方法标准》（JGJ52-2006）中均将砂级配划分为Ⅰ区、Ⅱ区和Ⅲ区三个级配区，见表2-5。级配良好的粗砂应落在Ⅰ区；级配良好的中砂应落在Ⅱ区；细砂则在Ⅲ区。

砂颗粒级配区范围

表2-5

筛孔尺寸（mm）	累计筛余（%）		
	Ⅰ区	Ⅱ区	Ⅲ区
10.0	0	0	0
4.75	0~10	0~10	0~10
2.36	5~35	0~25	0~15
1.18	35~65	10~50	0~25
0.600	71~85	41~70	16~40
0.300	80~95	70~92	55~85
0.150	90~100	90~100	90~100

石子的级配分为连续级配和单粒级配两种情况。碎石或卵石集料，根据试验的筛分结果算出的累计筛余应符合我国《建筑用卵石、碎石》（GB/T14685-2011）和《普通混凝土用砂、石质量及检测方法标准》（JGJ 52-2006）规范中的级配要求，见表2-6。集料粒径分布的尺寸范围叫公称粒级，公称粒级的上限为该集料的"最大粒径"。集料粒径越大，其表面积越小，通常空隙率也相应减小，因此所需的水泥浆或砂浆数量也可相应减少，有利于节约水泥，降低成本，并改善混凝土性能。所以在条件许可的情况下，应尽量选用较大粒径的集料。但在实际工程上，集料最大粒径受到多种条件的限制：最大粒径不得大于构件最小截面尺寸的1/4，同时不得大于钢筋净距的3/4；对于混凝土实心板，最大粒径

不宜超过板厚的1/3，且不得大于40mm；对于泵送混凝土，当泵送高度在50m以下时，最大粒径与输送管内径之比，碎石不宜大于1：3，卵石不宜大于1：2.5；对大体积混凝土（如混凝土坝或围堤）或疏筋混凝土，往往受到搅拌设备和运输、成型设备条件的限制。有时为了节省水泥，降低收缩，可在大体积混凝土中抛入大块石（或称毛石），常称为抛石混凝土。

碎石或卵石的颗粒级配范围 表2-6

级配情况	公称粒径（mm）	累计筛余（按质量计,%）										
		筛孔尺寸（圆孔筛）（mm）										
		2.36	4.75	9.50	16.0	19.0	26.5	31.5	37.5	53.0	63.0	75.0	90
连续级配	5～10	95～100	80～100	0～15	0	—							
	5～16	95～100	90～100	30～60	0～10	0							
	5～20	95～100	90～100	40～70	—	0～10	0						
	5～25	95～100	90～100	—	30～70		0～5	0					
	5～31.5	95～100	90～100	70～90		15～45		0～5	0				
	5～40		95～100	75～90		30～65			0～5	0			
单级配	10～20	—	95～100	85～100		0～15			—				
	16～31.5		95～100	—	85～100	—	—	0～10	0				
	20～40			95～100		80～100			0～10	0			
	31.5～63				95～100			75～100	45～75		0～10	0		
	40～80		—			95～100		—	70～100		30～60	0～10	0

2.1.2 掺合料

1. 概述

掺合料，亦称矿物掺合料或矿物外加剂。根据《高强高性能混凝土用矿物外力剂》GB/T 18736-2002定义，掺合料是指在混凝土搅拌过程中加入的、具有一定细度和活性的用于改善新拌和硬化混凝土性能（特别是耐久性能）的某类矿物类产品。掺合材料的品种很多，在使用中通常按化学反应性分为非活性和活性两大类。

凡是天然的或人工的矿物材料，磨成细粉，与水泥混合加水拌合后，不能或很少生成具有胶凝性的水化产物，在水泥中主要是起填充作用者，称为非活性掺合材料。非活性材料也可分为天然的和人工的两大类。天然的非活性材料有石灰石、砂岩、白云石、黏土质石灰石等；人工的非活性材料有未经水冷的块状高炉矿渣，低活性的燃料渣等。

凡是天然的或人工的矿物材料，磨成细粉，加水后本身不能硬化（或稍具有水硬性），但与激发剂混合，加水拌和后，不但能在空气中硬化，而且能在水中继续硬化者，称为活性掺合材料。粉煤灰、磨细粒化高炉矿渣、硅灰、天然火山灰、煅烧页岩、煅烧黏土等材料，均属于活性掺合材料。活性掺合材料又可分为天然的、人造的和工业废料三类，常用原料列于表2-7中。

活性矿物掺合材料的分类 表2-7

类别	主要品种
天然类	火山灰、凝灰岩、硅藻土、蛋白石质黏土、钙性黏土、黏土页岩、磨细石灰石粉、磨细石英粉等
人工类	煅烧页岩或煅烧黏土等
工业废料	粉煤灰、硅灰、沸石粉、水淬高炉矿渣粉、自然煤矸石粉

自20世纪70年代人们就已经开始在混凝土拌合物中使用掺合材料。活性掺合材料与硅酸盐水泥混合时，会通过水化、火山灰活性或两者作用对硬化混凝土的性能起到促进作用。而且活性掺合材料大多是其他工业过程的副产物，不论是从环境保护和节约能源的观点来看，还是从这些材料能改善混凝土技术性能来看，利用这些材料是非常明智和必要的。常用的矿物掺合料有粉煤灰、磨细矿渣、硅灰及其复合物等。

2. 几种常用掺合料

（1）磨细矿渣

高炉矿渣是冶炼生铁时的副产品，其主要化学成分为 SiO_2、Al_2O_3 和 CaO。经水淬急冷的粒化高炉矿渣含有大量的玻璃体，具有较大的潜在活性，但粒径大于 $45\mu m$ 的矿渣颗粒是很难参与反应的，其潜在活性需经磨细后才能较好、较快地发挥出来。大量资料表明，将水淬粒化高炉矿渣粉磨达到一定细度后，其活性将大为改善，不仅能等量取代水泥，具有较好的经济效益，而且还能显著地改善和提高混凝土的综合性能。

《高强高性能混凝土用矿物外加剂》GB/T18736-2002对磨细矿渣的定义为：粒化高炉矿渣经干燥、粉磨等工艺达到规定细度的产品。粉磨时可添加适量的石膏和水泥粉磨用工艺外加剂。

1）主要性能特点

①主要化学成分

高炉矿渣的主要化学成分是 CaO、SiO_2、Al_2O_3，这三种氧化物含量通常情况下可达到约90%。此外，还含有少量 MgO 和 Fe_2O_3 等氧化物。由于当前世界各国的高炉炼铁工艺基本相同，所以各国高炉矿渣的化学成分也基本相似。表2-8所列的是美国、日本和我国高炉矿渣的化学成分范围。表2-9为我国部分钢厂的高炉矿渣化学成分。

美国、日本和我国高炉矿渣的化学成分范围 表2-8

产地	SiO_2	CaO	Al_2O_3	MgO	Fe_2O_3	MnO	S
中国	32~36	38~44	13~16	≤10	≤2.0	≤2.0	≤2.0
日本	32~35	40~43	13~15	5~7.3	0.1~0.6	0.3~0.9	0.7~1.3
美国	32~40	29~42	7~17	8~19	0.1~0.5	0.2~1.0	0.7~2.2

25

我国部分钢厂的高炉矿渣化学成分 表2-9

产地	SiO_2	CaO	Al_2O_3	MgO	Fe_2O_3	MnO	S
上海	33.18	39.25	13.19	9.36	4.18	—	—
首钢	36.33	37.65	12.16	11.71	1.03	—	—
宝钢	39.67	45.35	9.11	2.69	0.50	0.85	1.03

②活性

矿渣的活性与矿渣本身的化学组成、玻璃体的数量和性能、矿渣细度等因素有关。

a. 化学组成

CaO、Al_2O_3 是矿渣的主要成分,也是决定矿渣活性的主要成分。矿渣中 CaO 的含量波动在30%~50%。通常,其含量越高,矿渣的活性越大。但如果 CaO 含量过高(如超过51%),矿渣活性反而变小,这是因为 CaO 含量太高,熔融矿渣的黏度下降,冷却时容易析出晶相,影响矿渣的活性。尤其是在冷却速度不够快的条件下,$\beta\text{-}C_2S$ 容易转化为 $\gamma\text{-}C_2S$,产生粉化现象,导致矿渣活性降低。Al_2O_3 在矿渣中一般形成铝酸钙或硅铝酸钙玻璃体。其含量波动在7%~20%。CaO 和 Al_2O_3 含量都高时,这种矿渣的活性最大。

SiO_2 含量波动在30%~40%。就生成胶凝组分而言,矿渣中的 SiO_2 含量相对于 CaO、Al_2O_3 含量已经过多了,SiO_2 含量较高时,易生成低碱性硅酸钙和高硅玻璃体,使矿渣活性下降。

矿渣中的 MgO 一般都以稳定化合态或玻璃态化合物存在,对水泥体积安定性不会产生不良影响。一般将矿渣中的 MgO 看成对矿渣活性有利的组成。

TiO_2 含量较高时,矿渣活性会降低,因此我国标准规定,矿渣中 TiO_2 含量不超过10%。

矿渣中 MnO 含量一般不超过1%~3%,含量超过4%~5%时,矿渣活性较小。

矿渣中其他组分对矿渣活性无显著影响。

b. 玻璃体

矿渣的活性,除受化学成分影响外,主要取决于玻璃体的数量和性能。在化学成分大致相同的情况下,矿渣中玻璃体含量越多,其活性越高。

c. 矿渣细度

在很多国家标准中,细度都是磨细矿渣一个非常重要的指标。矿渣越细,比表面积越大,活性越高,越有利于混凝土性能的改善和提高。

d. 矿渣质量评定方法

目前常用的评定高炉矿渣质量的方法主要有化学分析法和强度试验法。

(a)化学分析法

粒化高炉矿渣的质量可用质量系数 K 的大小来表示:

$$K = (CaO + Al_2O_3 + MgO)/(SiO_2 + MnO + TiO_2)$$

式中 CaO、Al_2O_3、MgO、SiO_2、MnO、TiO_2 为相应氧化物的质量百分数。

质量系数反应了矿渣中活性组分与低活性和非活性组分之间比值。质量系数越大,则矿渣的活性越高。

另外，也有以矿渣中的碱性氧化物和酸性氧化物之比值的碱度系数将矿渣分成碱性矿渣、中性矿渣和酸性矿渣的。一般酸性矿渣的胶凝性较差，碱性矿渣的胶凝性好。

以矿渣的化学成分来评价其质量虽然不够全面，但是其化学成分在一定程度上能说明矿渣本质的一个方面，尤其在相近粒化条件下，矿渣的质量系数能比较好地反映其活性大小。因此，该法仍然是目前被广泛采用的矿渣质量评定方法。

（b）强度试验法

按照标准规定，测定掺与不掺磨细矿渣胶砂试样同龄期的抗压强度之比，即活性指数的方法。

2) 对新拌混凝土性能的影响

①需水量和坍落度

在相同配合比、相同减水剂掺量的情况下，掺磨细矿渣混凝土的坍落度得到明显提高。磨细矿渣与减水剂复合作用下表现出的辅助减水作用主要机理为：a. 流变学实验研究表明，水泥浆的流动性与其屈服应力 τ_0 密切相关，屈服应力 τ_0 越小，流动性越好，表现为新拌混凝土坍落度越大。磨细矿渣可显著降低水泥浆屈服应力，因此可改善混凝土的和易性；b. 磨细矿渣是经超细粉磨工艺制成的，粉磨过程主要以介质研磨为主，颗粒的棱角大都磨平，颗粒形貌比较接近鹅卵石。磨细矿渣颗粒群的定量体视学分析结果表明，磨细矿渣的颗粒最可几直径在 $6 \sim 8 \mu m$，圆度在 0.2~0.7 范围，颗粒直径越小，圆度越大，即颗粒形状越接近球体。磨细矿渣颗粒直径显著小于水泥且圆度较大，它在新拌水泥浆中具有轴承效果，可增大水泥浆的流动性；c. 由于磨细矿渣具有较高的比表面积，会使水泥浆的需水量增大，因此磨细矿渣本身并没有减水作用。它只有与减水剂复合作用时，前面两方面的优势才能得到发挥，使水泥浆和易性获得进一步改善，表现出辅助减水效果。

②泌水与离析

掺磨细矿渣混凝土的泌水性与磨细矿渣细度有很大的关系。当矿渣与水泥熟料共同粉磨时，由于矿渣的易磨性小于水泥熟料，因此当水泥熟料磨到规定细度时，矿渣的比表面积比水泥约小 $60 \sim 80 m^2/kg$，不仅其潜在活性难以发挥，早期强度低，而且黏聚性差，容易产生泌水现象。当磨细矿渣比表面积较大时，混凝土具有良好的黏聚性，泌水较小。

一般认为，掺比表面积在 $400 \sim 600 m^2/kg$ 磨细矿渣的新拌混凝土具有良好的黏聚性，泌水小。

③坍落度损失

大量研究表明，磨细矿渣的掺入有利于减少混凝土拌合料的坍落度损失。

磨细矿渣对坍落度损失改善机理可归结为以下三方面作用：其一，从流变学角度分析，磨细矿渣可显著降低水泥浆的屈服应力 τ_0，由于初始 τ_0 相对亦较小，这样 τ_0 值能在较长的时间内维持在较低的水平上，使水泥浆处于良好的流动状态，从而有效地控制了混凝土的坍落度损失。其二，混凝土坍落度损失原因之一是由于水分蒸发。磨细矿渣的比表面积为 $400 \sim 600 m^2/kg$，其大比表面积对水分的吸附作用，起到了保水作用，减缓了水分的蒸发速率，因此有效地抑制了混凝土坍落度损失。其三，混凝土坍落度损失与水泥水化动力学有关。随着水化时间的推移，水泥水化产物的增长，使混凝土体系的固液比例增大，自由水量相对减少，凝聚趋势加快，致使混凝土坍落度值下降较快，在高温及干燥条件下这种现象更其。磨细矿渣在改善混凝土性能的前提下，可等量替代水泥 30%~50% 配制混凝土，大幅度降低了混凝土单位体积水泥用量。磨细矿渣属于活性掺合料，但与水泥熟料相比则为低水化活性胶凝材料。大掺量的磨细矿渣存在于新拌混凝土中，有稀释整个体系中水化产物的体积比例的效果，减缓了胶凝体系的凝聚速率，从而可使新拌混凝土的坍落度损失获得抑制。

④凝结性能

通常磨细矿渣的掺入会使混凝土的凝结时间延长，其影响程度与磨细矿渣的掺量、细度、养护温度等有很大关系。一般认为，磨细矿渣比表面积越大、掺量越大，凝结时间越长，但初、终凝时间间隔基本不变。

3）对硬化混凝土性能的影响

①力学性能

a. 强度

掺磨细矿渣混凝土的强度与磨细矿渣的细度、掺量等有关。一般认为，在相同的混凝土配合比、强度等级与自然养护的条件下，普通细度磨细矿渣（比表面积 $400\text{m}^2/\text{kg}$ 左右）混凝土的早期强度比普通混凝土略低，但 28d 以及 90d 与 180d 的强度增长显著高于普通混凝土。

磨细矿渣掺入混凝土中改善力学性能的作用机理主要是磨细矿渣在混凝土中具有微集料效应和微晶核效应，而且改善了混凝土界面区的结构并减少了水泥初期水化产物的相互搭接。

b. 弹性模量

磨细矿渣混凝土弹性模量与抗压强度的关系与普通混凝土大致相同。

②耐久性能

a. 抗渗性能

活性矿物掺合料能与水泥水化产物 $Ca(OH)_2$ 生成 CSH 凝胶，有助于孔的细化和增大孔的曲折度，同时能增强集料与浆体的界面，因此一般认为，磨细矿渣混凝土的抗渗性要高于普通混凝土。

b. 抗化学侵蚀性能

（a）抗硫酸盐侵蚀性能

一般而言，磨细矿渣掺量达到 65% 以上时混凝土是抗硫酸盐侵蚀的，低于这一数值混凝土抗硫酸盐侵蚀的能力则在很大程度上取决于磨细矿渣本身的氧化铝含量。在磨细矿渣掺量不超过 50% 的情况下，如果磨细矿渣中氧化铝含量（以质量分数计，下同）很高（大于 18%），则对混凝土的抗硫酸盐侵蚀性不利，如果氧化铝含量较低（小于 11%），则对抗硫酸盐侵蚀性有改善作用。

磨细矿渣之所以能改善混凝土的抗硫酸盐侵蚀性，很重要的原因是矿渣取代了部分水泥而使混凝土中 C_3A 的含量得到稀释，这种稀释作用只有当矿渣达到一定的掺量时才能取得明显的效果，尤其是当矿渣中氧化铝含量本身也比较高时，更需要增大矿渣的掺量才能提高混凝土对硫酸盐侵蚀的抵抗能力。

（b）抗海水侵蚀

磨细矿渣混凝土中的矿渣与混凝土中的 $Ca(OH)_2$ 反应，生成 CSH 凝胶，而普通混凝

土中的 $Ca(OH)_2$ 和海水的硫酸盐反应生成的是膨胀性水化物，因而掺入矿渣的混凝土能降低膨胀性水化物的生成量。此外由于磨细矿渣混凝土具有良好的抗渗性，能抑制海水中劣化离子往混凝土中渗透，因此其耐海水侵蚀性能高于普通混凝土。

（c）抗酸侵蚀

磨细矿渣混凝土因为改善了混凝土的孔结构，提高了混凝土的致密程度，同时具有比较低的 $Ca(OH)_2$ 含量，因此其耐酸性优于普通混凝土。

（d）抗氯化物侵蚀

磨细矿渣混凝土具有较高的抗渗性，而且磨细矿渣还具有较强的 Cl^- 吸附能力，因此能有效地阻止 Cl^- 渗透或扩散进入混凝土，提高混凝土抗 Cl^- 渗透能力，使磨细矿渣混凝土比普通混凝土在有 Cl^- 环境中十分显著地提高了护筋性。

（e）对混凝土碱集料反应的抑制

磨细矿渣对碱-硅反应（ASR）的抑制，随着磨细矿渣置换率的增大而提高。

c. 抗碳化性能

混凝土抗碳化能力主要取决于自身抵抗外界侵蚀性气体 CO_2 侵入的能力和浆体的碱含量。磨细矿渣的掺入，有利于混凝土密实性的提高，使混凝土具有较强的抵抗外界侵蚀性气体侵入的能力，但由于磨细矿渣的二次水化反应要消耗大量的 $Ca(OH)_2$，使混凝土液相碱度降低，对抗碳化不利。

d. 抗冻性

一般认为，由于磨细矿渣混凝土的密实性得到提高，因此，在同样混凝土配合比与强度等级的情况下，磨细矿渣混凝土的抗冻性要优于普通混凝土。

4）用途及主要应用范围

①用于配制新型矿渣硅酸盐水泥

传统的矿渣硅酸盐水泥是将矿渣和水泥熟料同时粉磨，由于矿渣的易磨性较水泥熟料差，因此，矿渣的活性难以发挥，出现矿渣水泥早期强度低、易泌水等问题。新型矿渣水泥是将矿渣与水泥熟料分开粉磨，使矿渣的活性充分发挥。我国已研制成功 52.5 级早强低热高掺量矿渣硅酸盐水泥。

②用于配制高性能混凝土

磨细矿渣掺入混凝土中，可改善混凝土和易性、提高混凝土耐久性，因此，磨细矿渣可以用来配制高性能混凝土，特别适用于对耐久性，如抗氯离子侵蚀等有要求的环境。

5）应用技术要点

①磨细矿渣品质

我国国家标准《高强高性能混凝土用矿物外加剂》GB/T 18736-2002 中对磨细矿渣等矿物外加剂的技术要求作了详细的规定，见表 2-10。在实际应用过程中，应采用符合规定要求的磨细矿渣。

②磨细矿渣的细度

磨细矿渣的细度对其活性有显著的影响。关于用作混凝土掺合料的磨细矿渣的最佳细度，要综合考虑以下几个方面的因素：

首先，要考虑磨细矿渣参与水化反应的能力。矿渣在水淬时除形成大量玻璃体外，还含有钙铝镁黄长石和少量的硅酸一钙或硅酸二钙等组分，因此具有微弱的自身水硬性。但当其粒径大于 $45\mu m$ 时，矿渣颗粒很难参与水化反应。因此，磨细矿渣的勃氏比表面积应超过 $400m^2/kg$，才能比较充分地发挥其活性，改善并提高混凝土的性能。

矿物外加剂的技术要求　　　　　表2-10

试验项目			指标						
			磨细矿渣			粉煤灰微粉		天然沸石微粉		硅灰
			Ⅰ	Ⅱ	Ⅲ	Ⅰ	Ⅱ	Ⅰ	Ⅱ	
化学性能	MgO（%）	≤	14			—	—	—	—	—
	SO₃（%）	≤	4			3		—	—	—
	烧失量（%）	≤	3			5	8	—	—	6
	Cl（%）	≤	0.02			0.02		0.02		0.02
	SiO₂（%）	≥	—	—	—	—	—	—	—	85
	吸铵值（mmol/100g）	≥	—	—	—	—	—	130	100	—
物理性能	比表面积（m²/kg）	≥	750	550	350	600	400	700	500	15000
	含水率（%）	≤	1.0			1.0		—	—	3.0
胶砂性能	需水量比（%）	≤	100			95	105	110	115	125
	活性指数 3d（%）	≥	85	70	55	—	—	—	—	—
	活性指数 7d（%）	≥	100	85	75	80	75	—	—	—
	活性指数 28d（%）	≥	115	105	100	90	85	90	85	85

其次，要考虑混凝土的温升。磨细矿渣越细，其活性越高，掺入混凝土后，早期产生的水化热越大。有资料表明：磨细矿渣等量取代水泥用量30%的混凝土，细度为 $600\sim800m^2/kg$ 的磨细矿渣，其混凝土的绝热温升比细度为 $400m^2/kg$ 的磨细矿渣混凝土有十分显著的提高。

再次，有研究表明，在配制低水胶比并掺有较大量的磨细矿渣的高强混凝土或高性能混凝土时，要考虑混凝土早期产生的自收缩。磨细矿渣的细度越细，混凝土早期产生的自收缩越大。

最后，要考虑性价比问题。磨细矿渣磨得越细，所耗电能也越大，生产成本将大幅度提高。

因此，磨细矿渣的细度应该在能充分发挥其活性和水化反应能力的基础上，综合考虑所应用的工程的性质、对混凝土性能的要求以及经济分析等因素来确定，不能笼统地认为磨细矿渣越细越好。

③磨细矿渣的掺量

配制掺矿物外加剂混凝土时，矿物外加剂的选用品种与掺量应通过混凝土试验确定。

矿物掺合料、水泥与外加剂之间应有良好的适应性。

④养护

一般认为，相对于普通混凝土，养护温度、养护湿度的提高更有利于磨细矿渣混凝土强度等性能的发展。因此，在实际工程应用中，应加强对掺磨细矿渣混凝土的养护。

（2）粉煤灰

粉煤灰是电厂排放的固体废弃物，其中含有的大量玻璃体赋予粉煤灰较好的火山灰活性，使其能应用于水泥和混凝土中。粉煤灰在水泥和混凝土中的作用主要表现为三大效应——形态、活性和微集料效应。形态效应主要是粉煤灰中的球状玻璃体可在水泥浆体中起滚珠轴承的作用，使颗粒间的摩擦减小，使浆体流动性增加。火山灰反应的化学活性则是粉煤灰作用于水泥和混凝土的基础。粉煤灰玻璃体中的 SiO_2 和 Al_2O_3 能与水泥水化生成的 $Ca(OH)_2$ 发生反应，生成水化硅酸钙和水化铝酸钙，这些水化产物一部分沉积在粉煤灰颗粒表面，另一部分则填充于水泥水化产物的孔隙中，起到细化孔的作用，使水泥石更加密实。由于粉煤灰在水化过程中可吸收水泥水化产物中结晶程度较高的 $Ca(OH)_2$，因此可使混凝土内部的界面结构得到改善。另外，粉煤灰是高温煅烧的产物，其颗粒本身很坚固，有很高的强度。粉煤灰水泥浆体中有相当数量的未反应的粉煤灰颗粒，这些坚固的颗粒一旦共同参与承受外力，就能起到很好的"内核"作用，即产生"微集料效应"。粉煤灰的三大效应也可概括为火山灰活性作用、孔的细化作用、内核作用和润滑、吸附作用。

1）粉煤灰的主要性能特点

①物理性能

a. 细度

细度是粉煤灰一个非常重要的品质指标。粉煤灰越细，比表面积越大，粉煤灰的活性就越容易激发。而且，同样条件下粉煤灰越细，火山灰活性越高，烧失量也相应比较低，因此对于同一电厂，当煤的来源以及煤粉的燃烧工艺没有变化时，细度可作为评价粉煤灰的首要指标。

b. 烧失量

粉煤灰的烧失量与粉煤灰的细度、火山灰活性、需水量有很大关系。一般来说，粉煤灰越细，烧失量越小，相应需水量也越低，火山灰活性越高。

c. 需水量

粉煤灰的需水量指标可以综合反映粉煤灰的颗粒形貌、级配等情况。粉煤灰中表面光滑的球形颗粒越多，相应需水量就越小，而粉煤灰中多孔的颗粒越多，则需水量必然增加。在粉煤灰的诸多物理性能中，需水量对混凝土的抗压强度影响最大。因为需水量的大小直接影响混凝土拌合物的流动性，也就是说，在保证要求的流动性的条件下将影响混凝土的水灰比。而水灰比对混凝土性能的影响又甚于粉煤灰的化学活性。

影响粉煤灰需水量的因素包括粉煤灰的细度、颗粒级配、球状玻璃体含量、烧失量等。

②化学性能

a. 化学组成

粉煤灰中的氧化硅、氧化铝和氧化铁含量达到70%以上，有些时候还含有比较高的氧化钙。除此之外，还含有砷、镉等微量元素。在粉煤灰应用过程中，要考虑微量元素对环境和人体带来的影响。

b. 火山灰活性

粉煤灰的火山灰活性（也称粉煤灰的活性）对硬化混凝土的性能影响非常大。粉煤灰中玻璃体是粉煤灰火山灰活性的来源。玻璃体有球状的和表面多孔的，球状玻璃体如同玻璃球一样，其表面吸附性弱，需水量小，流动性好，而多孔状玻璃体虽然也有活性，但其表面吸附性强，需水量大，对混凝土来说，其性能就远不如球状玻璃体了。粉煤灰中玻璃体含量及球状玻璃体与多孔玻璃体的比率取决于煤的品种、煤粉细度、燃烧温度和电厂运行情况。一般含碳量高的粉煤灰中玻璃体的含量比较低。一般认为，粉煤灰中的玻璃体含量越高，活性越大。

c. 其他性能

用于混凝土的粉煤灰，除上述品质指标对混凝土的性能影响比较大以外，粉煤灰中的游离氧化钙、氧化镁，以及 SO_3 含量也可能对混凝土性能有比较大的影响，通常都要进行限定。

安定性：粉煤灰中存在过烧或欠烧的 CaO、MgO，由于这些物质水化速度比较慢，当粉煤灰掺入混凝土以后有可能会在混凝土硬化后再水化生成 $Ca(OH)_2$ 和 $Mg(OH)_2$，并产生比较大的体积膨胀而使混凝土开裂，因此这种游离的 CaO 和 MgO 的含量必须进行限制。

SO_3 含量：SO_3 含量用来反映粉煤灰中硫酸盐的量，很多国家标准或规范都规定，粉煤灰中硫酸盐含量必须加以限制。粉煤灰的硫酸盐以 SO_3 计算，含量通常在 0.5% ~ 1.5% 的范围内，以硫酸盐计算，含量在 1% ~ 3% 范围内，其主要类型为 $CaSO_4$、Na_2SO_4、K_2SO_4、$MgSO_4$。其中 $CaSO_4$ 占大多数，且以单独颗粒或聚集颗粒状态存在于粉煤灰中。

2）对新拌混凝土性能的影响

粉煤灰掺入混凝土中，将对混凝土性能，特别是新拌混凝土的性能产生比较大的影响。

①粉煤灰混凝土的工作性能

粉煤灰最初用于混凝土的主要技术优势，就是能非常显著改善新拌混凝土的工作性能，其作用主要体现在以下几个方面：a. 减少混凝土需水量；b. 改善混凝土泵送性能；c. 减少泌水与离析；d. 减少坍落度损失。

②对混凝土外加剂的适应性

已有的研究结果显示，粉煤灰对外加剂在混凝土中的作用没有实质性的影响，通常还有利于外加剂作用的发挥。但是，粉煤灰性质变化比较大，在某些情况下可能对混凝土外加剂的作用产生不利的影响。

a. 减水剂

通常分散粉煤灰颗粒所需减水剂的量要小于分散水泥颗粒所需的量，也就是说减水剂对于分散粉煤灰颗粒比分散水泥颗粒更有效。

b. 引气剂

高烧失量的粉煤灰将对混凝土中掺加引气剂的效果产生不利影响，因为高烧失量的粉煤灰通常含有较多粗大、多孔的颗粒，容易吸附引气剂。因此，如果混凝土需要一定的引气量，粉煤灰混凝土特别是掺加高烧失量粉煤灰的混凝土通常需要更大剂量的引气剂。

③粉煤灰混凝土的凝结性能

通常粉煤灰的加入要延长混凝土的凝结时间，其影响程度与粉煤灰的掺量、细度以及化学组成有很大关系。一般来说，在粉煤灰掺量不大的情况下，粉煤灰的凝结时间都能满足要求。

粉煤灰混凝土凝结时间还与养护温度有很大关系。研究结果表明，当养护温度较高时，粉煤灰的掺入对凝结时间影响不大，但养护温度较低时则影响非常明显。

④水化热与混凝土温升

优质粉煤灰掺入混凝土中，不仅可降低7d以前的混凝土水化热，特别是1d的水化热，而且可使混凝土放热高峰时间延迟。

⑤粉煤灰混凝土的养护

a. 养护温度

粉煤灰混凝土早期强度发展相对普通混凝土比较低，因此适当提高养护温度将有利于粉煤灰混凝土强度等性能的发展。但太高的养护温度将过度加速粉煤灰、水泥的水化，可能会引起晶体结构的破坏或生成多孔结构，这不利于粉煤灰混凝土抗硫酸盐侵蚀、抗碱集料反应等性能。

b. 养护湿度

相对普通混凝土，同等工作性的粉煤灰混凝土的用水量较低，因此粉煤灰混凝土对养护湿度更为敏感，保持比较高的养护湿度将有利于粉煤灰混凝土强度等性能的发展。

3）对硬化混凝土性能的影响

①力学性能

a. 强度

通常随粉煤灰掺量增加，粉煤灰混凝土强度特别是早期强度降低比较明显，但90d后，在粉煤灰掺量不是很大的情况下，粉煤灰混凝土强度接近普通混凝土，1年后甚至超过普通混凝土强度。

如果粉煤灰用于取代混凝土中集料，那么各龄期粉煤灰混凝土强度则随粉煤灰掺量增加而提高。

与普通混凝土一样，粉煤灰混凝土的抗弯强度正比于抗压强度。

b. 弹性模量

粉煤灰混凝土的弹性模量与抗压强度成正比关系。相比于普通混凝土，粉煤灰混凝土的弹性模量28d后不低于甚至高于相同抗压强度的普通混凝土。粉煤灰混凝土弹性模量与抗压强度一样，也随龄期增长而增长；如果由于粉煤灰的减水作用而减少了新拌混凝土的用水量，则这种增长速度比较明显。

②体积稳定性

a. 徐变

粉煤灰混凝土由于有比较好的工作性能，混凝土更为密实，因此某种程度上会有比较低的徐变。但由于粉煤灰混凝土早期强度比较低，因此在加荷初期各种因素影响粉煤灰混凝土徐变的程度可能高于普通混凝土。

b. 收缩

粉煤灰掺入混凝土后可以减少混凝土的化学减缩和自干燥收缩。对于混凝土的干燥收缩，其本质上是水化相的收缩，集料及未水化胶凝材料则起到约束收缩的作用。一定龄期下，水化相微观孔隙结构和可蒸发水的含量决定了混凝土收缩的大小。水化相的微观孔隙结构对混凝土干燥收缩具有双重影响。依据毛细管张力理论，孔径微细的水化相失水时会导致收缩的加大，但同时，也使微细孔隙的连通性减少，从而使湿扩散阻力增大，这又有利于减少收缩，同样，粗大的孔隙失水时收缩小，但粗大孔隙也加快了失水速度，这又有增大收缩的趋势。粉煤灰是具有一定微集料效应的活性较低的矿物掺合料，对水化相孔隙结构的影响与其掺量和水化程度有关。替代率较低时，粉煤灰水化度高以及微集料效应使水化相孔径细化，细孔失水是影响收缩的主导因素；混凝土中掺入粉煤灰后，实际水灰比增大，水泥水化率提高，实际上对水化相的数量不会产生太大影响，但由于粉煤灰在后期才开始进行二次水化，导致与同龄期不掺粉煤灰的混凝土相比，内部可蒸发水含量较高，使混凝土收缩的可能性提高。综上所述，孔结构和可蒸发水含量的影响对混凝土干燥收缩产生的正负两方面的效果，将使掺粉煤灰的混凝土收缩相对于基准混凝土既可能增加也可能减少。

除此以外，粉煤灰的细度、活性和烧失量等因素也可能对混凝土的总收缩值产生影响。

③耐久性能

a. 抗渗性能

因为粉煤灰可有效改善混凝土的孔结构，因此，一般认为掺优质粉煤灰混凝土的抗渗性优于普通混凝土。

b. 粉煤灰混凝土的抗化学侵蚀性能

抗硫酸盐侵蚀：由于粉煤灰混凝土具有较高的抗渗性，并且粉煤灰的火山灰化学反应过程中消耗了混凝土中的 $Ca(OH)_2$ 以及游离 CaO，因此粉煤灰混凝土的耐硫酸盐侵蚀性能优于普通混凝土。

c. 对混凝土碱集料反应的抑制作用

掺粉煤灰是降低碱集料反应的有效措施。粉煤灰本身含大量活性 SiO_2，其颗粒细，能吸收较多的碱，降低了每个反应点上碱的浓度，也就减少了反应产物中的碱与硅酸之比。高钙低碱硅酸盐凝胶较稳定，不引起严重的膨胀。粉煤灰的品质对抑制混凝土碱集料反应能力的影响较大。粉煤灰碱含量越高，越不利于粉煤灰对碱集料反应的抑制作用；氧化硅含量越高，则越有利于对碱集料反应的抑制作用；粉煤灰越细，越有利于抑制碱集料反应。一般认为，优质粉煤灰掺量为30%时，可以有效抑制混凝土碱集料反应。

d. 抗碳化性能

粉煤灰取代部分水泥后，首先水泥熟料水化，生成 $Ca(OH)_2$，pH 值到达一定值后（$pH = 12 \sim 13$），$Ca(OH)_2$ 将与粉煤灰玻璃体中的活性 SiO_2、Al_2O_3 反应生成水化硅酸钙及水化铝酸钙。因此，粉煤灰混凝土特别是大掺量粉煤灰混凝土的二次水化反应将消耗大量的 $Ca(OH)_2$，将使碱储备、液相碱度降低，使碳化中和作用的过程缩短，从而导致粉煤灰混凝土抗碳化性能的降低。粉煤灰混凝土的碳化速率与粉煤灰的品质有关。目前绝大多数的试验结果都显示，相同强度等级粉煤灰混凝土的碳化深度要高于普通混凝土。

e. 粉煤灰混凝土的钢筋耐锈蚀性能

在混凝土中引起钢筋锈蚀的两个诱因为氯离子含量和混凝土的碳化。

在前一种情况下，钢筋锈蚀与 Cl^- 通过混凝土的扩散有关。因粉煤灰水泥浆体的 Cl^- 有效扩散系数大大低于普通水泥浆体，所以粉煤灰混凝土的保护钢筋不受锈蚀的性能优于普通混凝土。

由混凝土碳化引起的钢筋锈蚀，混凝土保护钢筋的性能主要取决于保护层的碳化速度。粉煤灰混凝土因为粉煤灰的火山灰反应要消耗大量 $Ca(OH)_2$，将使混凝土碱度有所下降，因此粉煤灰混凝土的抗钢筋锈蚀性能相对普通混凝土也有下降的趋势。粉煤灰混凝土的碳化速率与粉煤灰的品质有关，优质粉煤灰碳化慢于质次的粉煤灰。在实际建筑工程中，如果粉煤灰品质在 Ⅱ 级以上，被取代的水泥量低于 10% ~ 15%，保护层厚度不小于 2cm，则粉煤灰混凝土的护筋耐久性是可以保证的。

f. 粉煤灰混凝土的抗冻性能

混凝土的抗冻性能与含气量、水灰比、集料性能、水泥品种等因素有关。在混凝土中掺加粉煤灰，在不引气的条件下，粉煤灰混凝土的抗冻性较同强度等级的普通混凝土差。掺引气剂的粉煤灰混凝土的抗冻性与普通混凝土的差别将缩小。在有抗冻性要求的结构和部位，粉煤灰混凝土必须掺加引气剂，混凝土含气量由抗冻要求确定。由于粉煤灰颗粒表面吸附引气剂，为达到相同的含气量，粉煤灰混凝土所需的引气剂掺量要大于普通混凝土。

4）应用技术要点

①粉煤灰品质要求

粉煤灰用于混凝土中，其品质是至关重要的，优质粉煤灰可改善新拌和硬化混凝土性能。作为矿物外加剂应用的粉煤灰，其品质应符合表 2-10 规定要求。

②应用场合

粉煤灰混凝土的物理力学性能与普通混凝土基本相同，因此在一般工业民用建筑中都可应用。但由于其早期强度低，特别是在粉煤灰掺量较大、温度较低的情况下，强度发展缓慢，因此，在有早期强度要求的工程，不宜掺加粉煤灰。另外，在有抗冻要求的结构和部位，掺加粉煤灰后，必须掺加引气剂。当混凝土保护层厚度小于 20mm 时，不建议使用掺粉煤灰的混凝土。

③掺量

配制掺矿物外加剂混凝土时，矿物外加剂的选用品种与掺量应通过混凝土试验确定。矿物掺合料、水泥与外加剂之间应有良好的适应性。

④养护

混凝土掺粉煤灰后，可降低需水量，因此，在实际工程应用中，应加强对粉煤灰混凝土的养护。

（3）硅灰

硅灰又称凝聚硅灰或硅粉，是电弧冶炼硅金属或硅铁合金时的副产品。硅铁厂在冶炼硅金属时，将高纯度的石英、焦炭投到电弧炉内，在温度高达 2000℃ 下石英被还原成硅的同时，约有 10% ~ 15% 的硅化为蒸气，在烟道内随气流上升遇氧结合成一氧化硅 SiO 气体，逸出炉外时，SiO 遇冷空气后再氧化成 SiO_2，最后冷凝成极微细的颗粒。这种 SiO_2 颗粒，日本称"活性硅"，法国称"硅尘"，比较多的国家称"冷凝硅烟灰"，我国统称为"硅粉"。

1）主要性能特点

①物理性能

硅灰根据其碳含量的不同，颜色可由白到黑，一般为灰色。硅灰颗粒呈球形，极细，最小颗粒粒径小于 $0.01\mu m$，平均粒径为 $0.1\sim0.3\mu m$，约为水泥粒径的 1/100，比表面积为 $15000\sim20000m^2/kg$。松散体积质量为 $150\sim200kg/m^3$，密度为 $2.2\sim2.5g/cm^3$。

②化学性能

a. 化学组成

硅粉的主要化学成分为 SiO_2，几乎都呈非晶态。硅粉中 SiO_2 的比例随生产国和生产方法而异。硅粉中 SiO_2 含量越高，其在碱性溶液中的活性越大。一般来讲，用作混凝土掺合料的硅粉，其 SiO_2 含量应在 85% 以上，低于 80% 的硅粉对混凝土的作用就很弱了。国外一些国家及我国部分硅铁厂生产的硅粉化学成分见表 2-11 和表 2-12。

国外一些国家硅粉的化学成分（%）   表 2-11

国 别	SiO_2	Al_2O_3	Fe_2O_3	MgO	CaO	K_2O	Na_2O	C	烧失量
挪威	90~96	0.5~0.8	0.2~0.8	0.15~1.5	0.1~0.5	0.4~1	0.2~0.7	0.5~1.4	0.7~2.5
瑞典	86~96	0.2~0.6	0.3~1	0.3~3.5	0.1~0.6	1.5~3.5	0.5~1.8		
美国	94.3	0.3	0.66	1.42	0.27	1.11	0.76		3.77
加拿大	91~95	0.1~0.5	0.2~2	0.8~1.4	0.1~0.7	1.1~1.9	0~0.2	0.7~2.1	2.2~4.0
日本	88~91	0.2	0.1	1	0.1			0.5	2~3
英国	92	0.7	1.2	0.2	0.2		0.2	0.5	2~3
澳大利亚	88.6	2.44	2.56					3.0	

我国部分铁合金厂生产的硅灰化学成分（%）   表 2-12

产 地	SiO_2	Al_2O_3	Fe_2O_3	MgO	CaO	烧失量
上海铁合金厂	93.38	0.50	0.12		0.38	3.78
北京铁合金厂	85.37	0.56	1.50	0.63	1.17	9.26
宝鸡钢铁厂	85.96	0.84	1.15		0.31	10.00
太原钢铁厂	90.60	1.78	0.64	0.78	0.30	3.04
唐山钢铁厂	86.57	0.96	0.56	0.60	0.34	5.07

b. 化学性质

硅粉具有很高的火山灰活性、较小的粒径和较大的比表面积。虽然硅粉本身基本上不与水发生水化作用，但它能够在水泥水化产物 $Ca(OH)_2$ 及其他一些化合物的激发作用下发生二次水化反应生成具有胶凝性的产物。二次反应产物的填塞作用，加上硅粉的微集料效应，不仅可使水泥石强度得到提高，还可使水泥石中宏观大孔和毛细孔孔隙率降低，使凝胶孔和过渡孔增加，从而有效改善硬化水泥浆体的微结构，使混凝土耐久性得到提高。

2）对新拌混凝土性能的影响

①需水量与泌水

一方面，由于球状的硅灰粒子远小于水泥颗粒，它们在水泥颗粒间起到"滚珠"作用使水泥浆体的流动性增加，同时，由于硅灰粒子可以填充水泥颗粒空隙，将这些空隙的填充水置换出来，使之成为自由水，从而使整个混凝土混合料流动性大大增加。但另一方面，由于硅粉的粒径小，比表面积大，这种大比表面积对混凝土需水量将产生很大的影响，甚而影响混凝土的其他各种性能，因此，在应用中，一般将硅粉掺量限制在5%～10%，并用高效减水剂来调节需水量。

由于硅粉比表面积极大，可吸附大量自由水而使泌水减少，因此，掺硅粉的混凝土没有离析和泌水现象。

②混凝土和易性

在混凝土水胶比较低的情况下，加入硅灰会增加黏聚性。为得到与不掺硅灰的混凝土相同的和易性，一般要增加50mm坍落度，但在水泥用量低于300kg/m³情况下，加入硅灰可以改善它的黏聚性。

③塑性收缩

新拌混凝土的塑性收缩与水从新拌混凝土表面蒸发的速率和混凝土底层泌水置换水的速率有关。所有减小新拌混凝土泌水的化学和矿物外加剂都会使混凝土更易于产生塑性收缩裂纹，尤其是对硅灰混凝土。因此，对硅灰混凝土，特别是早期，要加强湿养护。

3）对硬化混凝土性能的影响

①强度

在混凝土中掺入硅粉，混凝土强度能显著提高，尤其是在蒸养条件下，效果更明显。有文献报道，在普通混凝土中掺入硅粉，其强度因掺入方式（内掺或外掺）、掺入的品种及掺量的不同可提高约40%～150%。

②体积稳定性

由于填孔与火山灰反应作用，在水泥浆体中掺入硅灰，将明显增大浆体的收缩。混凝土中掺入硅灰，可能导致混凝土自收缩增大，掺量越高，自收缩越大。因此，在掺加硅灰的同时，可考虑同时掺加其他火山灰质材料，达到取长补短的目的。

③耐久性能

a. 抗渗性

硅粉能改善混凝土的抗渗性能。由于硅粉的微集料效应和二次水化反应产物的填充作用，降低了混凝土的孔隙率，改善了孔径分布，使毛细孔减少，小孔增多，连通孔减少，使混凝土结构更加密实，阻水能力得到提高，混凝土抗渗性提高。一般硅灰增加混凝土抗渗性的效果要大于增强效果，有资料表明，在混凝土中掺入5%～10%的硅粉，混凝土抗渗性可提高6～11倍。

b. 抗冻性

至于抗冻性，由于水的结冰温度与孔径有关，孔径越小，冰点越低。1μm孔中，结冰

温度为 -2 ~ -3℃；0.1μm 孔中，为 -30 ~ -40℃，而凝胶孔中的水是不会结冰的。掺硅粉后，混凝土中大于 0.1μm 的孔大大减少，因而抗冻性得以提高。有资料表明，当硅粉掺量在 15% 以内，抗冻性约提高 2 倍。

c. 抑制混凝土碱集料反应

碱集料反应是指混凝土毛细孔内溶液中的碱（来自水泥中的 Na_2O、K_2O 及水泥水化生成的 $Ca(OH)_2$）与集料中活性 SiO_2 反应，形成碱的硅酸盐凝胶，致使混凝土开裂的现象。由于硅粉的火山灰活性，二次反应结合了大量碱，减少了混凝土孔溶液中碱离子浓度，加上混凝土抗渗性好，从而抑制了碱集料反应。

d. 抗化学侵蚀性能

混凝土的密实性和 $Ca(OH)_2$ 含量是造成混凝土腐蚀的最主要的内因之一。加入硅粉可以明显降低混凝土的渗透性及减少游离 $Ca(OH)_2$ 含量，因此，硅粉混凝土具有良好的抗化学侵蚀性能。

e. 抗冲磨性能

据文献报道，硅粉在混凝土领域的推广使用源于美国 WES 水道试验站抗冲磨高性能混凝土的研究与应用。他们开展了大规模的试验研究，比较了许多不同的混凝土和其他材料的抗冲磨性能，结果发现高强硅灰混凝土具有很好的抗冲磨性能。随后，这一研究成果在洛杉矶河低流量截面的衬板和 Kinzua 大坝消力池底板更换中得到应用。2002 年 4 月对 Kinzua 大坝消力池的检查显示，在使用将近 20 年后，硅灰混凝土状态良好。迄今为止，硅灰混凝土的使用时间，已是先前使用的混凝土修补材料的两倍，而原先使用的混凝土修补材料在使用到 10 年的时候，其损坏程度已经超过使用到 20 年的硅灰混凝土。

4）硅灰的应用

目前我国主要是利用其早强、高强、抗蚀性好、防渗性好、抗冲磨能力强等特性，应用于水工、桥梁等工程中。

①用于配制高性能混凝土，显著提高混凝土强度和泵送性能。

在混凝土中掺用 5% ~ 15% 的硅灰，采用常规的施工方法，可配制 C100 级高强混凝土。

由于硅灰含细小的球形颗粒，因此具有很好的填充效应，可明显改善胶凝材料的级配，使混凝土拌合物具有较好的可泵性，不离析，不泌水。不过，在应用过程中，必须同时掺入高效减水剂，否则将导致用水量增大，影响混凝土的物理力学性能。

②用于配制抗冲磨混凝土

水工结构的泄水建筑物、输水管道等处的混凝土由于经常受高速含砂水流的冲击和磨蚀，表层容易损坏，采用硅灰混凝土可成倍地提高混凝土的抗冲磨性能。

③用于配制高抗渗、高耐久混凝土

硅灰混凝土的高致密性能有效阻止硫酸盐和氯离子等有害介质对混凝土的渗透、侵蚀，避免混凝土钢筋受到腐蚀，从而延长混凝土的使用寿命。

5）应用技术要点

①掺量

硅灰作为一种活性很高的火山灰质材料，在一定范围内，能显著提高混凝土的强度，改善混凝土耐久性，但超过一定范围后，反而会降低混凝土的性能，因此，在实际应用中，要根据使用条件，选择合适的掺量，以达到最佳活性应用。

②与其他矿物外加剂的混掺

硅灰与矿渣、粉煤灰等其他矿物外加剂混掺，可以起到"超叠"效应，取长补短，同时也可提高混凝土的性价比。

③硅灰必须与高效减水剂同时应用。

④养护

硅灰混凝土必须加强养护，特别是对于平板工程，必须注意防止硅灰混凝土的水分过早蒸发，要采用湿养护。

2.1.3 外加剂

1. 概述

（1）定义

外加剂是一种在混凝土搅拌之前或拌制过程中加入的，用以改善新拌混凝土或硬化混凝土性能的材料，它已经作为混凝土中除水泥、砂、石和水之外的必不可少的第五组分，简称为外加剂。

外加剂赋予了新拌混凝土和硬化混凝土人们所需要的指定的优良性能，如提高抗冻性和其他耐久性能、调节凝结和硬化、改善工作性、提高强度等，为制造各种高性能混凝土和特种混凝土提供了条件。混凝土外加剂的主要功能包括：改善混凝土或砂浆拌合物施工时的和易性；提高混凝土或砂浆的强度及其他物理力学性能；节约水泥或代替特种水泥；加速混凝土或砂浆的早期强度发展；调节混凝土或砂浆的凝结硬化速度；调节混凝土或砂浆的含气量；降低水泥初期水化热或延缓水化放热；改善拌合物的泌水性；提高混凝土或砂浆耐各种侵蚀性盐类的腐蚀性；减弱碱-集料反应；改善混凝土或砂浆的毛细孔结构；改善混凝土的泵送性；提高钢筋的抗锈蚀能力；提高集料与砂浆界面的黏结力，提高钢筋与混凝土的握裹力；提高新老混凝土界面的粘结力等。

同时，混凝土外加剂的应用还促进了混凝土新技术的发展，促进了工业副产品在胶凝材料系统中更多的应用，还有助于节约资源和环境保护，已经逐步成为优质混凝土必不可少的材料。近二三十年混凝土技术的发展与外加剂的开发和使用是密不可分的。近年来，国家基础建设保持高速增长，铁路、公路、机场、煤矿、市政工程、核电站、大坝等工程对混凝土外加剂的需求一直很旺盛，我国的混凝土外加剂行业也一直处于高速发展阶段。

外加剂分为化学外加剂和矿物外加剂，矿物外加剂在2.1.2掺合料部分已作详细介绍，下面涉及的外加剂主要为化学外加剂。

（2）分类

混凝土外加剂按其主要使用功能分为四类：

1）改善混凝土拌合物流变性能的外加剂，包括各种减水剂和泵送剂等；

2）调节混凝土凝结时间、硬化性能的外加剂，包括缓凝剂、促凝剂和速凝剂等；

3）改善混凝土耐久性的外加剂，包括引气剂、防水剂、阻锈剂等；

4）改善混凝土其他性能的外加剂，包括膨胀剂、防冻剂等。

（3）命名

1）普通减水剂（water reducing admixture）：在混凝土坍落度基本相同的条件下，能减少拌和用水量的外加剂。

2）早强剂（hardening accelerating admixture）：加速混凝土早期强度发展的外加剂。

3）缓凝剂（set retarder）：延长混凝土凝结时间的外加剂。

4）促凝剂（set accelerating admixture）：能缩短拌合物凝结时间的外加剂。

5）引气剂（air entraining admixture）：在混凝土搅拌过程中能引入大量均匀分布、稳定而封闭的微小气泡且能保留在硬化混凝土中的外加剂。

6）高效减水剂（superplasticizer）：在混凝土坍落度基本相同的条件下，能大幅度减少拌和用水量的外加剂。

7）缓凝高效减水剂（set retarding superplasticizer）：兼有缓凝功能和高效减水功能的外加剂。

8）早强减水剂（hardening accelerating and water reducing adimixture）：兼有早强和减水功能的外加剂。

9）缓凝减水剂（set retarding and water reducing admixture）：兼有缓凝和减水功能的外加剂。

10）引气减水剂（air entraining and water reducing admixture）：兼有引气和减水功能的外加剂。

11）防水剂（water-repellent admixture）：能提高水泥砂浆、混凝土抗渗性能的外加剂。

12）阻锈剂（anti-corrosion admixture）：能抑制或减轻混凝土中钢筋和其他金属预埋件锈蚀的外加剂。

13）膨胀剂（expanding admixture）：在混凝土硬化过程中因化学作用能使混凝土产生一定体积膨胀的外加剂。

14）防冻剂（anti-freezing admixture）：能使混凝土在负温下硬化，并在规定养护条件下达到预期性能的外加剂。

15）着色剂（coloring admixture）：能制备具有彩色混凝土的外加剂。

16）速凝剂（flash setting admixture）：使混凝土迅速凝结硬化的外加剂。

17）泵送剂（pumping aid）：能改善混凝土拌合物泵送性能的外加剂。它由减水剂、调凝剂、引气剂、润滑剂等多种组分复合而成。根据工程要求，其产品性能有所差异。

18）加气剂（gas forming admixture）：混凝土制备过程中因发生化学反应，放出气体，使硬化混凝土中有大量均匀分布气孔的外加剂。

19）保水剂（water retaining admixture：能使混凝土迅速凝结硬化的外加剂。

20）絮凝剂（flocculating agent）：在水中施工时，能增加混凝土黏稠性且抗水泥和集料分离的外加剂。

21）增稠剂（viscosity enhancing agent）：能提高混凝土拌合物黏度的外加剂。

22）减缩剂（shrinkage reducing agent）：减少混凝土收缩的外加剂。

23）保塑剂（plastic retraining agent）：在一定时间内，减少混凝土坍落度损失的外加剂。

24）高性能减水剂（high performance water reducer）：具有一定引气，且比高效减水剂具有更高减水率、更好坍落度保持性能和较小干燥收缩的外加剂。

表 2-13

掺外加剂混凝土性能指标

项目		外加剂品种													
		高性能减水剂 HPWR			高效减水剂 HWR		普通减水剂 WR			引气减水剂 AEWR	泵送剂 PA	早强剂 Ac	缓凝剂 Re	引气剂 AE
		早强型 HPWR-A	标准型 HPWR-S	缓凝型 HPWR-R	标准型 HWR-S	缓凝型 HWR-R	早强型 WR-A	标准型 WR-S	缓凝型 WR-R					
减水率(%), 不小于		25	25	25	14	14	8	8	8	10	12	—	—	6
泌水率比(%), 不大于		50	60	70	90	100	95	100	100	70	70	100	100	70
含气量(%)		≤6.0	≤6.0	≤6.0	≤3.0	≤4.5	≤4.0	≤4.0	≤5.5	≥3.0	≤5.5	—	—	≥3.0
凝结时间差 (min)	初凝	-90 ~ +90	-90 ~ +120	> +90	-90 ~ +120	> +90	-90 ~ +90	-90 ~ +120	> +90	-90 ~ +120	—	-90 ~ +90	> +90	-90 ~ +120
	终凝	—	≤80	≤60	—	—	—	—	—	—	≤80	—	—	—
1h 经时变化量	坍落度 (mm)	—	—	≤60	—	—	—	—	—	—	—	—	—	—
	含气量 (%)	—	—	—	—	—	—	—	—	-1.5 ~ +1.5	—	—	—	-1.5 ~ +1.5
抗压强度比 (%), 不小于	1d	180	170	—	140	—	135	—	—	—	—	135	—	—
	3d	170	160	—	130	—	130	115	—	115	—	130	—	95
	7d	145	150	140	125	125	110	115	110	110	115	110	100	95
	28d	130	140	130	120	120	100	110	110	100	110	100	100	90
收缩率比(%), 不大于	28d	110	110	110	135	135	135	135	135	135	135	135	135	135
相对耐久性 (200次)(%), 不小于		—	—	—	—	—	—	—	—	80	—	—	—	80

注: 1. 表中抗压强度比、相对耐久性、收缩率比为强制性指标，其余为推荐性指标。
2. 除含气量和相对耐久性外，表中所列数据为掺外加剂与基准混凝土的差值或比值。
3. 凝结时间差性能指标中的 "-" 号表示提前， "+" 号表示延缓。
4. 相对耐久性 (200次) 性能指标中的 "≥80" 表示将 28d 龄期的掺外加剂混凝土试件冻融循环 200 次后，动弹性模量保留值 ≥80%。
5. 1h 含气量经时变化量指标中的 "-" 号表示含气量增加， "+" 号表示含气量减少。
6. 其他品种的外加剂是否需要测定相对耐久性指标，由供、需双方协商确定。
7. 当用户对泵送剂等产品有特殊要求时，需要进行的补充试验项目，试验方法及指标，由供、需双方协商确定。

2. 外加剂性能指标

《混凝土外加剂》（GB8076-2008）针对高性能减水剂（早强型、标准型、缓凝型）、高效减水剂（标准型、缓凝型）、普通减水剂（早强型、标准型、缓凝型）、引气减水剂、泵送剂、早强剂、缓凝剂及引气剂共八类混凝土外加剂，规定了掺外加剂混凝土技术指标。

3. 几种常用外加剂

（1）高效减水剂

高效减水剂是一种新型的化学外加剂，其化学性能有别于普通减水剂，在正常掺量时具有比普通减水剂更高的减水率，没有严重的缓凝及引气量过多的问题，高效减水剂也称超塑化剂、超流化剂、高范围减水剂等。目前我国高效减水剂品种较多，以原材料品种来分，主要分为以下几种：

1）以萘为原料的萘磺酸钠甲醛缩合物；

2）以三聚氰胺为原料的磺化三聚氰胺甲醛缩合物；

3）以蒽油为原料的聚次甲基蒽磺酸钠；

4）以甲基萘为原料的聚次甲基萘磺酸钠

5）以古马隆树脂为原料的氧茚树脂磺酸钠；

6）以栲胶为原料的高效减水剂；

7）以萘酚和对氨基苯磺酸钠为原料的氨基磺酸盐系高效减水剂；

8）以丙酮为原料的脂肪族（醛酮缩合物）高效减水剂。

高效减水剂中各种外加剂所占比例大约为：萘系87.5%；脂肪族5.1%；氨基磺酸盐4.4%；蒽系2.1%；建1型0.7%；蜜胺系0.18%。萘系减水剂仍占据第一位，是使用最大、面最广的外加剂。

萘系高效减水剂是以萘及萘同系物为原料，经浓硫酸磺化，水解，甲醛缩合，用氢氧化钠或部分氢氧化钠和石灰中和，经干燥而成的产品。

掺入萘系减水剂对混凝土性能影响如下：

1）对新拌混凝土性能的影响

①对含气量和泌水率的影响

一般情况下，掺入萘系减水剂，混凝土含气量略有增加，泌水率下降，见表2-14。

萘系减水剂对混凝土含气量和泌水率的影响　　　　　　　　　　　表2-14

掺量（%）	水胶比	减水率（%）	坍落度（cm）	含气量（%）	泌水率（%）	泌水率之比（%）
0	0.60	0	6	1.40	8.5	100
0.3	0.55	8	5	2.65	4.3	51
0.5	0.53	12	5	3.40	2.9	34
0.75	0.48	20	5.2	3.95	0.77	9
1.00	0.468	22	4.5	4.55	0.05	0.6

②对混凝土拌合物凝结时间的影响

一般情况下，掺入萘系减水剂后，混凝土凝结时间有变化，但变化幅度不大。在施工上不会有什么不利的影响，可以和未掺外加剂的一样作业，无需特殊要求。

③对混凝土拌合物坍落度损失的影响

混凝土中掺入萘系减水剂后可以明显改善混凝土拌合物的和易性，但对混凝土的坍落度损失也带来影响，一般来说，掺入萘系减水剂后，混凝土早期坍落度损失增大。

2）对硬化混凝土性能的影响

①对抗压强度的影响

萘系高效减水剂对抗压强度的影响与减水剂减水率相关（见表2-15），减水率越大，混凝土强度越高。

②对其他性能的影响

在混凝土坍落度基本相同时，掺入萘系减水剂混凝土劈裂强度有所提高，混凝土弹性模量有所增大，收缩也有所增加。

萘系高效减水剂掺量与减水率的关系　　　　　　　　　　　　　表2-15

水泥用量 （kg·m⁻³）	减水剂掺量 （%）	水胶比	减水率 （%）	坍落度 （cm）	抗压强度（MPa）	
					7d	28d
400	0	0.438	0	6.0	46.5	54.8
	0.5	0.38	13.2	8.3	55.8	65.2
	0.75	0.36	17.8	8.5	66.9	75.5
	1.0	0.34	22.4	7.8	67.7	77.4
500	0	0.38	0	6.0	52.9	60.1
	0.5	0.33	13.2	7.8	65.2	73.4
	0.75	0.312	17.9	8.0	71.8	84.3
	1.0	0.296	22.1	9.2	73.8	86.2
600	0	0.342	0	8.1	55.2	64.3
	0.5	0.297	13.2	7.5	75.0	85.4
	0.75	0.28	18.1	7.8	83.9	91.0
	1.0	0.267	21.9	8.2	85.8	97.0

（2）高性能减水剂

高性能减水剂是一种新型外加剂，是国外20世纪90年代开始研发的，我国21世纪初开始研究，它具有比萘系更高的减水率，更好的坍落度保持性能，并具有一定的引气性和较小的混凝土收缩。目前我国开发的高性能减水剂以聚羧酸盐为主。

聚羧酸系高性能减水剂（polycarboxylates high performance water-reducing admixture）又

称聚羧酸系超塑化剂目前已成为世界性的研究热点和发展重点。从国内外发表的研究论文和公开的专利来看，根据其主链结构的不同可分为如下两类：Ⅰ类以丙烯酸或甲基丙烯酸为主链，接枝不同侧链长度的聚醚；Ⅱ类分为马来酸酐和烯丙醇醚或乙烯基醚的共聚物和苯乙烯和马来酸酐共聚物与单甲基聚醚的接枝物。这些梳形共聚物共同的结构特征是：主链上都含有羧酸基吸附基团，侧链上链接有聚氧乙烯提供空间位阻，不同长度的聚醚侧链或长短不同的聚醚侧链进行组合，在水泥颗粒上吸附行为就不同，提供的空间位阻效应也不同，其分散性能也截然不同。

这些聚合物可以通过改变主链化学结构、侧链聚醚种类和长度、主链分子量大小及分布、离子基团含量就可以实现聚羧酸外加剂的高性能化。短侧链的梳型共聚物空间位阻作用较弱，分散性能较差，但保坍性能优异；长侧链聚醚的梳型共聚物空间位阻效应强，分散效果好，但流动度损失快。长短不同的侧链进行组合可以改变其在水泥颗粒界面的行为，既能显示出较高的初始流动性，也具有较好的坍落度保持能力。近年来国内外围绕梳形共聚物构效关系开展了大量富有成效的研究，研究重点集中在聚醚侧链长度、离子基团含量、主链分子量及分布对分散和分散保持的影响。

与掺萘系等高效减水剂的混凝土性能相比，掺聚羧酸系高性能减水剂的混凝土具有显著的性能特点。从聚羧酸和萘系外加剂总体性能比较来看，见表2-16。聚羧酸外加剂掺量低、减水剂率高、保坍性能好、增强效果好，而且能有效降低混凝土的干燥收缩。聚羧酸接枝共聚物分子结构可变性大，可以根据用户的不同的性能要求，设计不同的产品，满足不同的工程需求。

聚羧酸和萘系外加剂总体性能比较 表2-16

性　　能	萘　　系	聚羧酸
掺量	0.3%～1.0%	0.10%～0.4%
减水剂	15%～25%	最高可达60%
保坍性能	坍损大	90min 基本不损失
28d 增强效果	120%～135%	140%～250%
28d 收缩率	120%～135%	80%～115%
结构可调性	不可调	结构可变性多，高性能化潜力大
作用机理	静电排斥	空间位阻为主
钾、钠离子含量	5%～15%	0.2%～1.5%
环保性能及其他有害物质含量	环保性能差，生产过程使用大量甲醛、萘等有害物质，成品中也有一定量的有害物质	生产和使用过程中均不含任何有害物质，环保性能优异

聚羧酸减水剂的主要性能特点为：

1）掺量低、减水剂高

按固体掺量计，聚羧酸系高性能减水剂的一般正常掺量为胶凝材料重量的 0.2%

（0.15% ~0.25%）左右，为萘系一般正常掺量的30%左右。目前国内外的产品按照《混凝土外加剂》GB8076-2008测定减水率。一般均在25% ~30%；在接近极限掺量0.5%左右时，其减水率可达45%以上。

2）新拌混凝土流动性保持性好，坍落度损失小

尽管混凝土拌合物流动性能保持良好是聚羧酸系高性能减水剂的显著特点之一，但由于我国水泥种类繁多，水泥和集料质量地区差异很大，所以聚羧酸系高性能减水剂仍然存在对水泥矿物组成、水泥细度、石膏形态和掺量、外加剂添加量和添加方法、配合比、用水量以及混凝土拌合工艺的适用性问题。但许多对比试验和工程实践证明：在同样原材料条件下，掺聚羧酸系高性能减水剂混凝土拌合物流动性和流动性保持性能要明显高于萘系。当然对于某些适用性不好的水泥品种，仍然可以通过复配缓凝剂或聚羧酸系保坍组分，甚至可以通过调整分子结构来加以解决。

3）增强效果好

掺萘系减水剂的混凝土28d抗压强度比一般在130%左右，而掺聚羧酸外加剂的混凝土28d抗压强度比在150%左右。并且在掺粉煤灰、矿渣等矿物掺合料后，其增强效果更佳。而且由于聚羧酸分子结构的多变性，可以通过分子结构设计开发出超早强型聚羧酸外加剂，其1d抗压强度可达到28d强度的40% ~60%。

4）新拌混凝土和易性好

掺聚羧酸高效减水剂的混凝土抗泌水、抗离析性能好，泵送阻力小，便于输送；混凝土表面无泌水线、无大气泡、色差小。特别适合于外观质量要求高的混凝土。

5）收缩率低

掺聚羧酸高效减水剂的混凝土体积稳定性与掺萘系减水剂相比有较大的提高。依照GB8076检测了国内外11种聚羧酸减水剂产品的28d收缩率比，其平均值为102%，最低收缩率为91%。而掺萘系减水剂的混凝土国家标准规定28d收缩率比不大于135%。如果从原材料和工艺方面进行优化，再接枝上适当比例的减缩组分，可以开发出具有减缩功能的聚羧酸高效减水剂，其减缩、抗裂效果甚至可以和减缩剂相当，但掺量仅为减缩剂的10%左右。

6）总碱量低

分析了国内外11种聚羧酸减水剂产品的总碱量平均值为1.35%，最低值仅为0.19%。与萘系等减水剂相比，聚羧酸减水剂代入混凝土中的总碱量仅为数十克每立方米，大大降低了外加剂引入混凝土中碱含量，从而最大程度上避免发生碱-骨料反应的可能性，提高了混凝土的耐久性。

7）环境友好

聚羧酸高性能减水剂合成生产过程中不使用甲醛和其他任何有害原材料，生产和长期使用过程中对人体无健康危害，对环境不造成任何污染。而萘系等高效减水剂是一类对环境污染较大的化工合成材料，并且其污染是结构性的，在生产和使用过程中均存在，无法克服。在缩合中仍残余有甲醛。在配制成混凝土后产品中残留的甲醛和萘等有害物质会从混凝土中缓慢逸出，对环境造成污染。

聚羧酸系高性能减水剂不含氯离子，对钢筋无腐蚀性。

由于聚羧酸减水剂被认为是一种高性能减水剂，人们总是期待其在应用过程中比传统萘系减水剂更安全、更高效、适应能力更强，但工程中总是仍会存在一些问题。因此聚羧酸减水剂在应用过程中，我们应注意以下事项：

1）减水效果对混凝土原材料和配合比的依赖性大

聚羧酸系减水剂被证实在较低掺量情况下就具有较好的减水剂效果，其减水率比其他品种的减水剂大得多。但必须注意的是，与其他减水剂相比，聚羧酸减水剂的减水效果与实验条件的关系更大。

2）减水、保坍效果对减水剂的依赖性大

大量的实验表明，聚羧酸系高效减水剂的减小效果对其掺量的依赖性很大，且随着胶凝材料用量的增加，这种依赖性更大。在胶凝材料用量相同的情况下，聚羧酸减水剂的减小效果与掺量的关系总体来说是随着减水剂掺量的增加而增大，但当胶凝材料用量低的情况下，到了一定的掺量后甚至出现随掺量增加，减水效果反而"降低"的现象。这并不是说掺量增加其减水作用下降，而是因为此时的混凝土出现严重的离析、泌水现象，混凝土拌合物板结，流动性难以用坍落度法反映。

3）配制的混凝土拌合物性能对用水量极为敏感

由于采用聚羧酸减水剂后混凝土的用水量大幅度降低，单方混凝土的用水量大多在130~160kg，水胶比为0.3~0.4，甚至0.2。在低用水量的情况下，加水量波动可能导致坍落度变化很大，然而对强度的影响很小，见表2-17。

聚羧酸系高性能减水剂对用水量的敏感性 表2-17

水 (kg·m⁻³)	水泥 (kg·m⁻³)	粉煤灰 (kg·m⁻³)	砂 (kg·m⁻³)	石 (kg·m⁻³)	PCA (kg·m⁻³)	坍落度 (mm)	抗压强度（MPa）	
							R_3	R_{28}
145	330	100	770	1030	3.6	35	39.8	50.5
151	330	100	770	1030	3.6	160	38.3	51.7
154	330	100	770	1030	3.6	200	35.2	48.6
158	330	100	770	1030	3.6	220	34.4	45.3

4）与其他品种减水剂的相容性很差但无叠加的作用效果

大量试验和工程应用表明，传统的木质素磺酸钙（钠）、萘磺酸盐甲醛缩合物、多环芳烃磺酸盐甲醛缩合物等减水剂，完全可以相互复合掺加，以满足不同工程的特殊配制要求，或获得更好的经济性。然而聚羧酸系减水剂与其他品种的减水剂复合使用却得不到叠加的效果，且聚羧酸系外加剂溶液与其他品种的减水剂溶液的互溶性很差。聚羧酸外加剂与萘系减水剂的复合效果极差，当掺加聚羧酸系减水剂的混凝土碰到极少量的萘系减水剂或者它的复配产品时，都会出现流动性变差、用水量增加、流动性损失严重、混凝土拌合物干涩等现象，混凝土最终强度和耐久性将受到影响。因此聚羧酸外加剂在使用过程中不得与萘磺酸盐减水剂复配，当与其他外加剂产品同时使用时，应预先进行适用性试验。

5）与其他改性组分的相容性较差

目前关于减水剂的复配改性技术措施，基本上都是建立在木质素磺酸盐系、萘系等传统减水剂改性措施的基础上。由于聚羧酸高效减水剂分子结构和作用机理与传统外加剂截然不同，如果完全照搬过去对传统减水剂的应用不但用处不大，有时甚至起到了相反的效果。

6）减水和保坍受环境温度的影响大

聚羧酸系高性能减水剂在夏季减水率比冬季略高，保坍能力夏季略有降低；净浆试验时，冬季一般初始很低，但1h后会增加很大。

7）搅拌方式和时间对聚羧酸系外加剂含气量影响很大

江苏省建筑科学研究院研究了新旧搅拌机和搅拌时间对聚羧酸外加剂含气量的影响规律。新搅拌机的效率高，C30混凝土含气量增加了2%～3%；C40混凝土含气量增加了5%以上；而采用化学接枝消泡剂的技术途径，则含气量只增加了0.6%；当搅拌时间由3min变成2min后，C30混凝土的含气量下降了1%～2.2%，含气量越高，降低越明显。

（3）木质素磺酸盐类减水剂

木质素磺酸盐类减水剂是常用的普通型减水剂，其减水率为8%～10%，可以直接使用，也可以作为复合型外加剂原料之一，因其价格较便宜，使用比较广泛。

木质素磺酸盐减水剂的主要生产原料为纸浆废液，根据制浆工艺的不同，制备的木质素磺酸盐减水剂的种类也不同，主要有木质素磺酸钙、木质素磺酸钠和木质素磺酸镁三大类。木质素磺酸钙是由亚硫酸盐法生产纸浆的废液，用石灰中和后浓缩的溶液经干燥所的产品，它是以苯丙烷基为主要结构的高分子，分子量为2000～10000。木质素磺酸钠是由碱法造纸的废液经浓缩，加亚硫酸钠将其中的碱木磺化后，用苛性钠和石灰中和，将滤去沉淀的清液干燥，所得的干粉即为木质素磺酸钠。木质素磺酸镁是以酸性亚硫酸氢镁药液蒸煮甘蔗渣等禾木科植物的制浆废液中主要组分，它是一种木质素分子结构中含有醇羟基和双键的碳键受磺酸基磺化后，形成的木质磺酸盐化合物。

木质素磺酸盐减水剂的主要性能特点有：

1）改善混凝土性能。当水泥用量相同时，坍落度和空白混凝土相近，可减少用水量10%左右，28d强度提高10%～20%，一年强度提高10%左右，同时抗渗、抗冻、耐久性等性能也明显提高。

2）节约水泥。当混凝土的强度和坍落度均相近时，可节约水泥5%～10%。

3）改善混凝土的和易性。当混凝土的水泥用量和用水量不变时，低塑性混凝土的坍落度可增加两倍左右，早期强度比未掺者低，其他各龄期的抗压强度与未掺者接近。

4）有缓凝作用。掺入0.25%的木钙减水剂后，在保持混凝土坍落度基本一致时，初凝时间延缓1～2h（普通水泥）及2～3h（矿渣水泥）；终凝时间延缓2h（普通水泥）及2～3h（矿渣水泥）。若不减少用水量而增大坍落度时，或保持相同坍落度而用以节约水泥用量时，凝结时间延缓程度比减水更大（见表2-18）。

5）降低水泥早期水化热。放热峰出现的时间比未掺者有所推迟，普通水泥约3h，矿渣水泥约8h，大坝水泥在11h以上。放热峰的最高温度与未掺者比较，普通水泥略低，比矿渣水泥和大坝水泥均低3℃多。

6）混凝土含气量有所增加。空白混凝土的含气量为2%～2.5%，掺0.25%木钙后的混凝土含气量为4%。

水泥品种	木质素（%）	水胶比	坍落度（cm）	凝结时间（min）			
				30℃		20℃	
				初凝	终凝	初凝	终凝
42.5 普通水泥	0	0.675	6.7~7.0	240	330	400	690
	0.25	0.555	6.2~8.0	300	400	540	780
42.5 矿渣水泥	0	0.695	6.4	315	510	—	—
	0.25	0.610	6.0	450	630	—	—

7）泌水率减小。在混凝土的坍落度基本一致的情况下，掺木钙的泌水率比不掺者可降低 30% 以上。在保持水胶比不变，增大坍落度的情况下，也因木钙亲水性及引入适量的空气等原因，泌水率下降。

8）干缩性能，初期（1~7d）与未掺减水剂相比，基本接近或略有减小；28d 及后期强度（除节约水泥外），略有增加，但增大值均未超过 0.01%。

9）对钢筋无锈蚀危害。

（4）膨胀剂

根据国家标准《混凝土膨胀剂》GB23439-2009 中的定义：混凝土膨胀剂是指与水泥、水拌合后经水化反应生成钙矾石，或氢氧化钙，或钙矾石和氢氧化钙，使混凝土产生体积膨胀的外加剂。膨胀剂的主要特性是掺入混凝土后起抗裂防渗作用，它的膨胀性能可补偿混凝土硬化过程中的收缩，在限制条件下成为自应力混凝土。根据水化产物混凝土膨胀剂可分为以下三种：

1）硫铝酸钙类混凝土膨胀剂，指与水泥、水拌合后经水化反应生成钙矾石的混凝土膨胀剂。

2）氧化钙类混凝土膨胀剂，指与水泥、水拌合后经水化反应生成氢氧化钙的混凝土膨胀剂。

3）硫铝酸钙-氧化钙类混凝土膨胀剂，指与水泥、水拌合后经水化反应生成钙矾石和氢氧化钙的混凝土膨胀剂。

硫铝酸钙类混凝土膨胀剂是由膨胀剂组分中的硫酸盐离子、铝离子以及钙离子在水泥碱性介质中生成钙矾石而产生膨胀，在合理掺量范围内，该类膨胀剂的膨胀主要发生在混凝土浇筑后 3d~14d，随后趋于稳定，14d 后膨胀很小或几乎没有膨胀。氧化钙类混凝土膨胀剂是用一定温度下煅烧的石灰加石膏及矿渣制成，此类膨胀剂膨胀速率快，原料丰富，成本低廉，膨胀稳定，耐热稳定性和对钢筋保护作用好，虽然目前在我国应用不多，但很有发展前途。硫铝酸钙类-氧化钙类混凝土膨胀剂是综合硫铝酸盐类膨胀剂和氧化钙类膨胀剂的优点，以钙矾石和氢氧化钙为双膨胀源，既结合了氧化钙类膨胀剂在 1~3d 的早期膨胀优势，又吸纳了硫铝酸钙类膨胀剂在 3~14d 的中期膨胀特性，表现出较好的膨胀发展历程，是今后混凝土膨胀剂发展的主要方向。

膨胀剂的性能特点如下：

1）补偿混凝土收缩

混凝土在凝结硬化过程中要产生大约相当于自身体积0.04%~0.06%的收缩，当收缩产生的拉应力超过混凝土的抗拉强度时就会产生裂缝，影响混凝土的耐久性。膨胀剂的作用就是在混凝土凝结硬化的初期1~7d龄期产生一定的体积膨胀，补偿混凝土收缩，用膨胀剂产生的自应力来抵消收缩应力，从而保持混凝土体积稳定性，因此膨胀剂应是一种混凝土防裂、密实的好材料。特别是对大体积混凝土由于体积大，收缩应力也大，混凝土水化热造成的温差冷缩也严重，因此考虑用化学方法来补偿收缩是很必要的。补偿收缩混凝土主要用于地下、水中、海中、隧道等构筑物，大体积混凝土，配筋路面和板，屋面与厕浴间防水、构件补强、渗漏修补，预应力钢筋混凝土和回填槽等。

2）提高混凝土防水性能

许多混凝土有防水、抗渗要求，因此混凝土的结构自防水显得尤为重要，膨胀剂通常用来做混凝土结构自防水材料。用于地下防水、地下室、地铁等防水工程。

3）增加混凝土的自应力

混凝土在掺入膨胀剂后，除补偿收缩外，在限制条件下还保留一部分的膨胀应力形成自应力混凝土，自应力值在0.3~7MPa，在钢筋混凝土中形成预压应力。自应力混凝土可用于有压容器、水池、自应力管道、桥梁、预应力钢筋混凝土、预应力混凝土以及需要预应力的各种混凝土结构。

4）提高混凝土的抗裂防渗性能

主要用于坑道、井筒、隧道、涵洞等维护、支护结构混凝土，起到密实、防裂、抗渗的作用。

膨胀剂作为外加剂的一种，只是一个中间产品，其在工程实践中所发挥的性能受诸多因素影响，充分发挥膨胀剂的优异性能，必须在实际工程中考虑以下因素的影响：

1）其他外加剂对膨胀剂膨胀效能的影响

不同种类的外加剂与膨胀剂复合使用时会对膨胀剂的膨胀效能产生影响。泵送剂是商品混凝土常用外加剂，通常为二组分或多组分的复合，具有高效减水、缓凝、引气、大幅度提高混凝土流动性等多种功能。当泵送剂与膨胀剂复合应用时，应关注泵送剂组分、掺量的改变对膨胀剂限制膨胀率、自由膨胀率和强度效能的影响。

2）其他外加剂与膨胀剂相容性问题

随着混凝土技术的发展，两种或多种外加剂在混凝土中复合使用已极为普遍。膨胀剂与其他外加剂复合使用时，应关注两者的相容性。如复掺减水剂与膨胀剂，保持流动度不变的情况下可能会导致混凝土坍落度经时损失快、凝结速度快等问题；另补偿收缩混凝土中复掺减水剂、缓凝剂后可能引起混凝土泌水、长时间不凝等问题。

3）水胶比变化带来的问题

高强和高性能混凝土的推广，使得混凝土的水胶比降至0.4或0.3甚至更低，混凝土中自由水大大减少。当掺有膨胀剂时，膨胀剂中$CaSO_4$溶出量随自由水减少而减少。当水胶比很低时，膨胀剂参与水化而产生膨胀的组分数量受到影响，反应数量的降低直接影响膨胀效果。此外，水胶比低，早期强度高，也会抑制混凝土膨胀的发展。早期未参与水化的膨胀剂组分，在混凝土使用期间遇到合适的条件，还可能生成二次钙矾石破坏混凝土结构。

4）掺合料掺量对膨胀剂的抑制问题

矿物掺合料对膨胀的抑制作用不仅与膨胀剂的掺量有关，还与 SO_3 水平有关。掺用大量矿物掺合料的高性能混凝土的推广应用是混凝土发展的必然趋势，当混凝土中有大量掺合料时，得到同样的膨胀率应相应提高膨胀剂掺量。

5）大体积混凝土温升问题

硫铝酸盐膨胀剂主要成分是含铝相和石膏，用于等量取代水泥时，因含铝相组分和石膏的水化热较大，在大体积混凝土中不会降低混凝土温升，可能反而使温升有所提高。施工中如果控制不当，膨胀剂产生的膨胀应力不足以补偿温差应力时，会导致混凝土开裂。此外，钙矾石在70℃左右会分解成单硫型水化硫铝酸钙，温度下降后在适当条件下又会形成钙矾石，产生延迟膨胀，破坏水泥石结构导致开裂。因此，在大体积混凝土中使用硫铝酸盐类膨胀剂，使用前应予以必要的试验研究。

（5）防冻剂

在低温季节，当气温低于0℃时，新浇筑的混凝土内空隙和毛细管中的水分会逐渐冻结。由于水冻结后体积膨胀（约增加9%），使混凝土结构遭到损坏，影响混凝土力学、抗冻等耐久性能。与此同时，水泥与水的化学反应，在低温条件下进行非常缓慢，如果混凝土温度降至水的冰点以下（如 −2.5℃），由于结冰的水不能与水泥结合，在混凝土内，水化反应停止，所产生的新复合物大为减少。一旦冻结时，不只是水化作用不能进行，其后，即使给适宜的养护条件，也会给强度、耐久性等性能带来不利影响，贻害未来。因此，在混凝土凝结硬化的初期，当预计到日平均气温在4℃以下时，必须以适当的方法保证混凝土不受到冻害。

防冻剂是指能使混凝土在负温下硬化，并在规定养护条件下达到预期性能的外加剂。防冻剂对混凝土的作用体现在：

1）防冻组分降低水的冰点，使水泥在负温下仍能继续水化；

2）早强组分提高混凝土的早期强度，抵抗水结冰产生的膨胀应力；

3）减少混凝土中的冰含量，并使冰晶粒度细小且均匀分散，减轻对混凝土的破坏应力；

4）引气组分引入适量封闭的微气泡，减轻冰胀应力及过冷水迁移产生的应力；

5）有机硫化物能改变水的冰晶形状，从而减轻冰胀应力。

防冻剂按其成分可分为：强电解质无机盐类（氯盐类、氯盐阻锈类、无氯盐类）、水溶性有机化合物类、有机化合物与无机盐复合类、复合型防冻剂。

氯盐类：以氯盐（如氯化钠、氯化钙等）为防冻组分的外加剂。

氯盐阻锈类：含有阻锈组份、并以氯盐为防冻组分的外加剂。

无氯盐类：以亚硝酸盐、硝酸盐等无机盐为防冻组分的外加剂。

有机化合物类：以某些醇类、尿素等有机化合物为防冻组分的外加剂。

复合型防冻剂：以防冻组分复合早强、引气、减水等组分的外加剂。

防冻剂对混凝土性能的影响如下：

1）新拌混凝土性能

①流动性

多数防冻剂均有一定的塑化作用，在流动性不变的条件下，可降低水胶比大于10%，国内防冻剂大多为防冻组分与减水剂复合而成，往往显示出叠加效应，如硝酸盐与萘系减水剂或碳酸盐与木素质磺酸盐复合，可以明显提高负温混凝土的流动性或降低防冻剂的掺量。

②泌水性

多数不会促进负温混凝土泌水而使拌合物离析。因为多数的防冻剂会加速水泥熟料矿物的水化而使得液相变得黏稠，可以改善负温混凝土的泌水现象。但尿素、氨水、有机醇类等防冻组分具有一定的缓凝作用，在高流动性混凝土中往往会促进泌水，适当增大砂率可以改善泌水现象。

③凝结时间

早强型防冻剂（如碳酸钾、氯化钙）往往会缩短混凝土的凝结时间，因此有利于负温混凝土的凝结硬化。但是在长距离运输的商品混凝土中应慎用，或与其他外加剂复合使用。

2）硬化混凝土性能

①强度

防冻剂对混凝土强度的影响，除了与防冻剂的种类、掺量相关外，还与该混凝土受冻时间、受冻温度等因素密切相关。

②弹性模量

掺防冻剂混凝土的弹性模量与基准混凝土的弹性模量没有明显差别。

③耐久性

研究表明，防冻剂可以提高负温混凝土的耐久性，如掺用盐类复配的防冻剂可以明显提高负温混凝土的抗渗性；掺用有机物复配的防冻剂可明显提高负温混凝土的抗冻性和抗碳化性能。但是有些盐类复配的防冻剂会降低负温混凝土的抗硫酸盐侵蚀、抗碱-集料反应性等性能。如掺钙盐复配的防冻剂的混凝土受硫酸盐侵蚀时有加速的趋势。

防冻剂在应用过程中应注意以下几点：

1）混凝土拌合物中冰点的降低和防冻剂的液相浓度相关，因此气温越低，防冻剂的掺量应适当增大。

2）不同的防冻剂使用温度不同（目前多为0～-15℃）。

3）在混凝土中掺用防冻剂的同时，还应注意原材料的选择和养护措施等。

4）在日最低气温为-5℃，混凝土一般采用塑料薄膜和两层草袋或其他代用品覆盖养护时，可采用早强剂或早强减水剂替代防冻剂。

5）在日最低气温为-10℃、-15℃、-20℃，采用上述保温措施时，可分别采用规定温度为-5℃、-10℃、-15℃的防冻剂。

6）氯化钙与引气剂或引气减水剂复合使用时，应先加入引气剂或引起减水剂，经搅拌后，在加入氯化钙溶液；钙盐与硫酸盐复合使用时，先加入钙盐溶液，经搅拌后在加入硫酸盐溶液。

7）以粉剂直接加入的防冻剂，如有受潮结块，应磨碎通过0.63mm的筛孔后方可使用。

（6）缓凝剂

缓凝剂是可在较长时间内保持混凝土工作性，延缓混凝土凝结和硬化时间的外加剂，缓凝剂的种类较多，按化学成分分类，可分为以下几类：

1）糖类及碳水化合物：葡萄糖、蔗糖、糖蜜、糖钙、果糖、半乳糖等。

2）羟基羧酸及盐类：柠檬酸（钠）、酒石酸（钾钠）、葡萄糖酸（钠）、乙二酸、丁二酸、三乙醇胺盐、苹果酸、水杨酸、乳酸、乙酸、已酸、马来酸及其盐类。

3）多元醇及其衍生物：山梨酸、麦芽糖醇、甘露醇、糊精、羟甲基纤维素等。

4）弱无机酸及其盐、无机盐类：磷酸、硼酸及其盐类、氟硅酸盐、锌盐、镁盐。

5）有机磷酸盐类：ATMP、EDTMP、HEDP、PBTC。

6）木质素磺酸盐、腐殖酸盐、磺化栲胶类。

缓凝剂对混凝土性能的影响如下：

1）缓凝剂对混凝土新拌性能的影响

①凝结时间

缓凝剂对混凝土凝结时间的延缓程度，取决于所用缓凝剂类型及掺加量、水泥品种及用量、掺合料、水胶比、环境温度、掺加顺序等因素。对于普通硅酸盐水泥，糖类的缓凝作用最大，羟基羧酸次之，而木钙类则相对小些。缓凝剂大多只对水泥中某一些组分起较大作用，例如主要是对 C_3A 起作用，而对 C_3S、C_2S 的作用相对较小。混凝土水胶比和水泥用量不同使混凝土凝结时间发生变化。一般情况下，富混凝土凝结时间比贫混凝土凝结时间要短，因此在高标号混凝土施工中，为达到一定的缓凝效果，通常要使用更多的缓凝剂。温度对水泥的凝结时间有影响。温度升高，水化反应速率加快，故凝结时间一般随温度升高而缩短，因此对于同一种缓凝剂，在高温时则应使用较大的掺量。掺入缓凝剂的时间不同可使混凝土的凝结时间发生变化。通常，掺加时间越晚，缓凝作用越显著（见表 2-19）。

不同掺加时间的影响（0.225% 木钙）　　　　　表 2-19

缓凝剂掺加时间	缓凝推迟情况		缓凝剂掺加时间	缓凝剂推迟情况	
	初凝	终凝		初凝	终凝
与计量水一起加	90	105	1min 后加	210	225
5s 后加	105	120	2min 后加	240	270

②含气量

一些缓凝剂可能具有一定的表面活性作用，但与引气剂的作用不一样。某些缓凝剂，如羟基羧酸等，他们可以使外加剂的作用因引入的空气量有所降低。因此在对浆骨比参数与较多考虑因素的高性能混凝土中，缓凝剂对空气含量的影响应加以注意。缓凝减水剂中，木质素磺酸盐类都有引气性，糖蜜、糖钙、低聚糖、多元醇缓凝减水剂一般不引气。

③流动性

一些缓凝剂具有一定的分散作用，能使混凝土拌合物的流动性增大，这在羟基羧酸类缓凝剂中比较常见，将其与减水剂按照一定比例复合使用时，他们对拌合物流动性的提高往往比单独使用时要大一些，因此，许多缓凝减水剂比标准减水剂的减水率往往要大一些。

2）缓凝剂对混凝土硬化性能的影响

①抗压强度

缓凝剂可以使混凝土的 1d 强度降低，但 7d 抗压强度与未掺缓凝剂的强度相当。

②干缩和徐变

一般来说，含有缓凝剂的硬化水泥浆的干缩与普通水泥浆基本相同。但含缓凝剂的混凝土中，一般干缩会略微减小或增加。大部分混凝土对干缩和徐变没有有害影响，通常只会增加混凝土的干缩及徐变速率，但不影响其极限值，其影响取决于混凝土配合比设计、水化时间、干燥条件及加载时间。

③抗渗、抗冻耐久性

掺缓凝剂的混凝土由于水胶比的降低，后期水化产物的均匀分布、强度的提高，将有利于抗渗、抗冻性的提高。

缓凝剂及缓凝减水剂可用于大体积混凝土、炎热气候条件下施工的混凝土以及需长时间停放或长距离运输的混凝土。选择缓凝剂的目的通常有以下几点：

1）调节新拌混凝土的初、终凝时间，使混凝土按施工要求在较长时间内保持塑性，以利于浇筑成型；应选择能显著影响初凝时间，但初、终凝时间间隔短的缓凝剂。

2）控制混凝土的坍落度经时损失，使混凝土在较长时间内保持良好的流动性与和易性，使其经长距离运输后满足泵送施工工艺要求；应选择与所用胶凝材料相容性好，并能显著影响初凝时间，但初、终凝时间间隔短的缓凝剂。

3）降低大体积混凝土的水化热，并推迟放热峰的出现。应选择显著影响终凝时间或初、终凝时间间隔较长，但不影响后期水化和强度增长的缓凝剂。

4）提高混凝土的密实性，改善耐久性。选择同 3）中所述的缓凝剂。

缓凝剂及缓凝减水剂不宜用于日最低气温 5℃ 以下施工的混凝土，也不宜单独用于有早强要求的混凝土及蒸养混凝土。柠檬酸、酒石酸钾钠等缓凝剂，不宜单独用于水泥用量较低、水胶比较大的贫混凝土。在用硬石膏或化工石膏作调凝剂的水泥中掺用糖类、木钙类缓凝剂时，应先做水泥适应性试验。

（7）引气剂

引气剂是一种在搅拌时能在砂浆和混凝土中引入大量均匀分布的、封闭的微小气泡，而且在硬化后能保留在其中的一种外加剂。引气剂能提高混凝土抗冻性、抗渗性，改善流动性，降低泌水，增加混凝土拌合物的黏聚性。但引气剂对混凝土也有一定负面影响，如降低强度，引入空气后会使干缩增大，使混凝土对钢筋的黏结强度有所降低。混凝土单掺引气剂主要起改善和易性与提高抗冻性的作用，但由于对强度有影响，应用上有所限制。引气减水剂不仅有引气作用，还起减水作用，可提高混凝土强度，节约水泥用量，应用范围较广。引气剂及引气减水剂可用于抗冻混凝土、防渗混凝土、抗硫酸盐混凝土、泌水严重的混凝土、贫混凝土、轻集料混凝土以及对饰面有要求的混凝土。引气剂不宜用于蒸养混凝土及预应力混凝土。由于先前一些混凝土已进入老化期而遭受破坏，虽然当前混凝土科学技术取得较大进展，但也出现一些新建不久建筑物受到破坏。因此，提高混凝土的安全使用寿命，也是当前土木工程界关注的主要问题之一，随着国内对耐久性的重视，其应用也日益增加。

根据引气剂的化学结构，其实是一种表面活性剂，表面活性剂具有浸润、乳化分散、起泡等性能，引气剂着重了其中的泡沫性能。从表面活性剂理论来分类，引气剂同样可以分为阳离子、阴离子、非离子和两性离子等类型。由于在实际应用中，使用较多的是阴离子表面活性剂，加上以前应用于混凝土引气的表面活性剂仅仅局限在有限的几种，因此混凝土领域一般根据生产引气剂的原料来划分引气剂的种类。目前引气剂可分为松香类引气剂、皂苷类引气剂以及其他石油化工和油脂行业的衍生物类型的引气剂，比如烷基磺酸盐、妥尔油和动物油脂的钠盐等。

目前国内外混凝土工程中普遍通过掺加引气剂，然而引气剂性能除了与自身的表面活性相关外，外界因素对引气剂的性能影响也较大。

1）混凝土组成材料对引气剂性能的影响

①水泥和掺合料

水泥对引起的影响包括物理和化学两方面。物理方面主要与水泥细度相关。水泥较细伴随着需水量较大，则相对可用于气泡形成的水量减小，气泡形成较困难。化学方面水泥中矿物与水接触迅速反应导致浆体黏度增大，因为影响气派的生成以及气泡稳定性。矿物掺合料对引气剂性能的影响，除了类似于水泥细度作用外，粉煤灰、硅灰中所含的碳由于缓慢抑制引气剂的作用而对气泡的形成和稳定性有一定的影响。

②集料

粗集料本身不影响引气剂性能，但其会影响混凝土拌合物的干硬度，从而间接影响引气性能。通常粗骨料量大，拌合物浆体量就较少，混凝土含气量一般就较低。

③外加剂

混凝土中最常用的外加剂为减水剂。某些减水剂（如木质素磺酸钙）是表面活性物质，它们有助于气泡形成，但是它们所引入的气泡尺寸大，且不稳定。

2）混凝土配合比对引气剂性能的影响

水胶比是混凝土中影响引气剂性能最重要的参数。其他参数仅通过对混凝土拌合物干硬度的影响来间接影响引气剂性能。水胶比影响引气剂性能主要与浆体黏度有关。水胶比较低，混凝土浆体黏度大，气泡的运动较为困难，气泡聚合的可能性下降，混凝土的气泡尺寸变小，从而有利于小气泡的稳定。

3）外界环境对引气性能的影响

环境温度对混凝土气泡性能有影响，一定引气剂掺量下，温度低时混凝土含气量通常较高，高温时混凝土含气量较低，但温度仅仅对混凝土含气量有较明显的影响，对气泡间距系数影响很小。

混凝土振捣密实是为了消除混凝土中的有害气泡，通常振捣过程中排出的混凝土拌合物中的大部分大气泡和夹入气泡，混凝土含气量会随振捣时间的延长而下降，但气泡间距系数几乎不受常规振捣的影响。

（8）速凝剂

速凝剂是调节混凝土（或砂浆）凝结和硬化速度的外加剂。它能加速水泥的水化作用，显著缩短凝结时间，用于喷射混凝土施工。速凝剂按产品形态可分为固态和液态；按其碱的含量可分为有碱、无碱和低碱；按主要成分划分，有硅酸盐、碳酸盐、铝酸盐、氢氧化物、铝盐以及有机类速凝剂。其他具有速凝作用的无机盐包括氟铝酸钙、氟硅酸镁或钠、氯化物、氟化物等，可作为速凝剂使用的有机物则有烷基醇胺类和聚丙烯酸、聚甲基丙烯酸、羟基羧酸、丙烯酸盐等。

各种速凝剂的主要特点有：无机盐类（含碱的铝酸盐和碳酸盐）掺量较低，一般为水泥质量的 3% ~5%，但后期强度损失较大；不含碱的无机盐，掺量为 5% ~9%。铝酸钙型的掺量为 5% ~9%，其后期强度损失较小；硫铝酸钙型的掺量较高，约为水泥质量的 10% ~20%，后期强度较高。

速凝剂主要用于配制喷射混凝土和止水堵水速凝早强混凝土。其中喷射混凝土施工具有很多模板浇筑混凝土无法相比的优点，尤其在各种地下工程的锚喷支护中，因为不用模板支承，成型条件好，所以受到了广泛应用，成为现代地下工程中一项非常重要和必需的措施。速凝剂在喷射混凝土中的应用需注意以下几点：

1）使用速凝剂时，需充分注意对水泥的适用性，正确选择速凝剂的掺量并控制好使用条件。若水泥中 C_3A 和 C_3S 含量高，则速凝效果好。一般来说对矿渣水泥效果较差。

2）注意速凝剂掺量必须适当。一般来说，气温低掺量适量加大，而气温高时酌减。

3）混凝土水胶比在 0.4 ~0.5，不宜过大。水胶比越小，效果越好；凝结时间快；早期强度增高；掺量减小。

4）根据工程要求，选择合适的速凝剂类型。比如铝酸盐类速凝剂，最好用于变形大的软弱岩面，以及要求在开挖后段时间内就有较高早期强度的支护和厚度较大的施工面上。水玻璃类速凝剂适合用于无早期强度要求和厚度较小的施工面，以及修补堵漏工程。对于含活性骨料或者用于永久性工程的喷射混凝土，应尽量选用低碱或是无碱速凝剂。

（9）复合型外加剂

复合型外加剂是根据工程需要，以上述的各种组分为主，在加入其他组分复合而成，如防冻剂、早强减水剂、泵送剂、防水剂、引气减水剂、缓凝减水剂、缓凝高效减水剂、水下混凝土用外加剂、灌浆剂等。这些复合型的外加剂生产设备较为简单、投入少、效益较好。我国有较多外加剂厂可生产这种类型外加剂。这种外加剂产品为粉末状或液体。

混凝土外加剂大多数以复合外加剂形式加入混凝土，按外加剂产量估算，我国掺用外加剂混凝土仅占混凝土总量的 30% ~40%，与先进国家掺外加剂混凝土占混凝土总量 50% ~80% 相比，差距仍然较大，外加剂生产仍有较大的潜在市场。

2.1.4 水

混凝土用水必须符合《混凝土用水标准》（JGJ63-2006）。

混凝土用水包括混凝土拌合水和混凝土养护用水。水中不得含有影响水泥正常凝结、硬化的有害杂质，不得产生能降低混凝土耐久性、加快钢筋腐蚀及导致预应力钢筋脆裂、污染混凝土表面等有害影响。

混凝土拌合用水水质要求应符合表 2-20 中的规定。对于使用年限为 100 年的结构混凝土，氯离子含量不得超过 500mg/L，对使用钢丝或经热处理钢筋的预应力混凝土，氯离子含量不得超过 350mg/L。

凡是生活饮用水和清洁的天然水都能用于拌制混凝土。pH 值小于 4.5 的酸性水，含硫酸盐（按 SO_4^{2-} 计）硫化物（按 S^{2-} 计）、氯化物（按 Cl^- 计）超过规定值的水，均不得使用。工业废水要经过检验合格才能使用。海水中含有硫酸盐、镁盐和氯盐，且含量高，因此未经处理的海水严禁用于钢筋混凝土和预应力混凝土。在无法获得水源的情况下，海水可用于拌制素混凝土。

混凝土拌合水水质要求 表 2-20

项　　目	预应力混凝土	钢筋混凝土	素混凝土
pH 值	≥5.0	≥4.5	≥4.5
不溶物（mg/L）	≤2000	≤2000	≤5000
可溶物（mg/L）	≤2000	≤5000	≤10000
Cl^-（mg/L）	≤500	≤1000	≤3500
SO_4^{2-}（mg/L）	≤600	≤2000	≤2700
碱含量（mg/L）	≤1500	≤1500	≤1500

混凝土养护用水除了不要求不溶物和可溶物两个指标外，其他指标需满足拌合水水质要求。

2.2　混凝土性能

2.2.1　混凝土拌合物性能

混凝土在凝结硬化之前称之为混凝土拌合物，混凝土拌合物的性能直接影响到混凝土的施工及质量。硬化后混凝土是否能够均匀密实，与混凝土拌合物是否具有便于进行施工操作而不产生分层离析的性质有很大关系。如混凝土拌合物是否易于拌制均匀；是否易于从搅拌机中卸出；运输过程中是否离析泌水；浇注时是否易于填满模板等。

混凝土拌合物的性能包括和易性、凝结时间、塑性收缩和塑性沉降等。其中和易性是评价混凝土拌合物性能的重要指标。

1. 和易性

（1）和易性定义及分类

和易性是指混凝土拌合物易于施工操作并能获得质量均匀、成型密实的性能。和易性是一项综合的技术性质，包括流动性、黏聚性和保水性等三方面的含义。

流动性是指混凝土拌合物在自重或外力作用下，能产生流动，并均匀密实地填满模板的性能。流动性的大小取决于拌合物中用水量或水泥浆含量的多少。

黏聚性是指混凝土拌合物在施工过程中其组成材料之间有一定的黏聚力，不致产生分层和离析的性能。黏聚性的大小主要取决于细集料的用量以及水泥浆的稠度等。

保水性是指混凝土拌合物在施工过程中，具有一定的保水能力，不致产生严重泌水的性能。保水性差的混凝土拌合物，其泌水倾向大，混凝土硬化后易形成透水通路，从而降低混凝土的密实性。

流动性、黏聚性和保水性三者既相互关联又相互矛盾，当流动性很大时，则往往黏聚性和保水性较差。因此，所谓拌合物良好，就是要使这三方面的性质在某种具体条件下，达到均为良好，让矛盾得到统一。

（2）和易性测试及评价指标

通常是测定混凝土拌合物的流动性，作为和易性的一个评价指标，辅以直观经验观察黏聚性和保水性，据此综合判断混凝土拌合物和易性优劣。混凝土拌合物的流动性可采用坍落度（图 2-2）、维勃稠度（图 2-3）或扩展度表示。

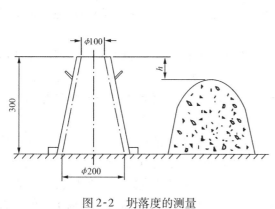

图 2-2　坍落度的测量

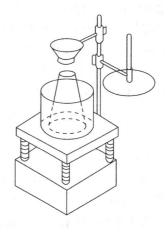

图 2-3　维勃稠度测定仪

表 2-21 ～ 表 2-23 分别给出了混凝土拌合物的坍落度、维勃稠度、扩展度的等级划分（GB 50164-2011）。

混凝土拌合物的坍落度等级划分

表 2-21

等　　级	坍落度（mm）
S1	10 ~ 40
S2	50 ~ 90
S3	100 ~ 150
S4	160 ~ 210
S5	≥220

混凝土拌合物的维勃稠度等级划分

表 2-22

等　　级	维勃稠度（s）
V0	≥31
V1	30 ~ 21
V2	20 ~ 11
V3	10 ~ 6
V4	5 ~ 3

混凝土拌合物的扩展度等级划分　　　　表 2-23

等级	扩展直径（mm）	等级	扩展直径（mm）
F1	≤340	F4	490 ~ 550
F2	350 ~ 410	F5	560 ~ 620
F3	420 ~ 480	F6	≥630

（3）和易性影响因素

混凝土拌合物在自重或外力作用下产生流动的大小，除与集料颗粒间的内摩擦力有关外，还与水泥浆的流变性能以及集料颗粒表面水泥浆厚度有关。具体影响因素有：水泥浆量、水灰比、砂率、水泥品种、集料性质、外加剂、温度和时间等。

1）水泥浆量。在水灰比不变的条件下，如果水泥浆越多，则拌合物的流动性越大。但若水泥浆过多，超过了填充骨料颗粒间间隙及包裹骨料颗粒表面所需的浆量时，将会出现流浆现象，反而增大了骨料间内摩擦力，使拌合物的黏聚性变差。同时水泥用量的增加还会对硬化后混凝土变形、耐久性产生不利影响。因此，混凝土拌合物中水泥浆量不能过多或过少，应以满足流动性要求为度。

2）水灰比。水灰比不宜过小或过大。水灰比过小时，会使施工困难，不能保证混凝土的密实性；水灰比过大时，不但会造成混凝土拌合物的黏聚性和保水性不良，且对后期强度不利。因此，为使混凝土和易性自身相互协调统一，又要使混凝土和易性与强度协调统一，水灰比不能过大或过小，应以满足强度和耐久性要求为度。

3）砂率。砂率是指混凝土中砂的重量占砂、石总重量的百分率。砂率不宜过大或过小，存在合理砂率。砂率过大时，集料的总比表面积增大，包裹集料的水泥浆层变薄，拌合物流动性降低；砂率过小，则会使拌合物黏聚性和保水性变差，产生离析、流浆等现象。为了保证混凝土拌合物具有所要求的和易性，在合理砂率范围内，根据不同情况选用不同的砂率。如果石子孔隙率大，表面粗糙，颗粒间摩擦阻力较大，砂率要适当增大些；如石子级配较好，孔隙率较小，粒径较大，水泥用量较多，应尽量选用较小的砂率，以节省水泥。

合理砂率是指当用水量及水泥用量一定的条件下，能使混凝土拌合物获得最大的流动性而且保持良好的黏聚性和保水率的砂率；或者是使混凝土拌合物获得所要求的和易性的前提下，水泥用量最少的砂率，如图2-4、图2-5所示。

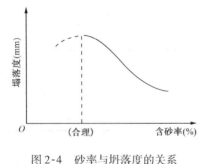

图2-4　砂率与坍落度的关系
（水与水泥用量不变）

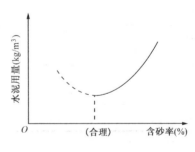

图2-5　砂率与水泥用量的关系
（坍落度不变）

4）水泥品种。水泥对和易性的影响主要表现在水泥的需水性上。水泥品种不同，达到标准稠度的需水量也不同；需水量大的水泥，达到同样的坍落度，就需要较多的用水量。一般来说，矿渣水泥和某些火山灰水泥拌合物的坍落度较普通水泥小，这是因为矿渣、火山灰混合材需水性较大的缘故。

5）集料。一个是集料颗粒形状圆整、表面光滑，混凝土拌合物的流动性较大；颗粒棱角多，表面粗糙，会增加混凝土拌合物的内摩擦力，从而降低混凝土拌合物流动性。因此卵石混凝土比碎石混凝土流动性好。另一个是集料级配好，其空隙率小，填充集料空隙所需水泥浆少，当水泥浆数量一定时，包裹于集料表面的水泥浆层较厚，故可改善混凝土拌合物的和易性。

6）外加剂。外加剂能使混凝土拌合物在不增加水泥用量的条件下，获得良好的和易性。不仅流动性显著增加，而且还有效的改善拌合物的黏聚性和保水性。

7）时间和温度。混凝土拌合物随着时间的延长而逐渐变得干稠，和易性变差，其原因是部分水分供水泥水化，部分水分被骨料吸收，另一部分水分蒸发，由于水分减少，混凝土拌合物流动性变差。此外，环境温度升高，水分蒸发及水化反应加快，相应坍落度下降。因此在施工中为保证混凝土拌合物和易性，要考虑温度的影响，尤其是夏季施工，应采取相应措施，防止水分蒸发降低拌合物流动性。

（4）和易性改善措施

调整混凝土拌合物和易性时，必须兼顾流动性、黏聚性和保水性的统一，并考虑对混凝土强度、耐久性的影响。综合上述要求，实际调整时可采取如下措施：

1）采用合理砂率，以利于提高混凝土质量和节约水泥；

2）适当采用较粗、级配良好的砂、石；

3）当混凝土拌合物坍落度太小时，保持水灰比不变，适当增加水泥浆量；当混凝土坍落度太大，保持砂率不变，适当增加砂、石；

4）掺加适量粉煤灰、减水剂和引气剂。

2. 凝结时间

（1）凝结时间定义及分类

凝结时间分为初凝时间和终凝时间。混凝土失去塑性但不具备机械强度的时间称为混凝土的初凝时间；混凝土失去塑性且具备机械强度的时间称为终凝时间。《普通混凝土拌合物性能试验方法标准》GB50080-2002规定，贯入阻力达到3.5MPa和28.0MPa的时间分别为混凝土拌合物的初凝和终凝时间。凝结时间是制定施工制度、评价调凝剂作用的重要依据和指标。

在实际工程中，有时会遇到"假凝"和"速凝"现象，特别是随着各类化学外加剂的广泛应用，水泥与外加剂适应性不良也往往以假凝或速凝表现出来。所谓假凝是指混凝土固相颗粒与水拌合后迅速产生硬化，但再次搅拌，拌合物又能恢复流动性，并呈现正常凝结的现象。速凝往往是由于C_3A活性过高，快速形成单硫型水化硫铝酸钙或其他水化硫铝酸盐而产生。通常，在水泥生产时，已经采用掺加石膏的方法解决了此问题，但是有时外加剂会使C_3A水化过快，导致速凝；或者C_3A和石膏的含量都很高，形成大量钙矾石而导致速凝。"假凝"和"速凝"都属于不正常的凝结，可以通过水泥与外加剂的适应性试验，或者水泥预水化后，延迟添加外加剂等方法预防。

（2）凝结时间影响因素

1）原材料的影响。水泥熟料组分及细度、掺合料种类及掺量、外加剂等均会影响混凝土拌合物的凝结时间。

2）施工工艺的影响。混凝土生产时投料顺序不当，搅拌时间太短及施工现场加水等因素，都会影响到混凝土的凝结时间。

3）养护条件的影响。水泥石水硬性胶凝材料，水泥水化硬化过程直接与环境温度、相对湿度及其变化情况相关，使其产生水化与凝结硬化的前提是必须有足够的水分存在。养护条件不同，混凝土拌合物的凝结时间也会发生变化。

（3）缩短凝结时间的措施

1）使用化学速凝、早强剂或硅灰，可同时缩短混凝土拌合物的初凝和终凝时间，并减少初终凝的时间差。

2）适当降低掺合料的掺量，增加水泥用量。

3）增加水泥熟料中 C_3A 含量。

4）采用早强型减水剂。

2.2.2 混凝土力学性能

混凝土作为土木工程的重要结构材料，必须具有良好的力学性质，以满足结构物设计荷载要求。

1. 混凝土受力破坏特征

普通混凝土受到外力作用发生破坏的情况可归纳为：其一，骨料破坏而引起混凝土破坏；其二，水泥石破坏引起混凝土破坏；其三，骨料与水泥石界面破坏而引起混凝土破坏。分析上述破坏现象，不难看出，第一种破坏情况发生的几率很小，这是因为设计混凝土时，所选用的骨料必须具有足够强度。第二中破坏情况发生的几率较大，因为在不均质的混凝土体系中，力在传递时会因界面缺陷而使水泥石承受较大外力而破坏。但是混凝土受力破坏的最大几率发生在骨料和水泥石的界面，这是因为水泥水化会造成化学收缩，从而引起骨料与水泥石界面上产生极不均匀的拉应力，形成界面微裂缝。另外，在普通混凝土中，由于离析、泌水等原因，界面区往往孔隙率较高，是混凝土中最薄弱的区域。当混凝土受到外力作用时，界面裂缝就会随之表现出来。

因此，混凝土所能抵抗破坏的能力主要取决于裂缝的数量、扩展的速度、延伸汇合的程度。通常采用混凝土强度来表示这种抵抗能力。强度是混凝土硬化后的主要力学性能，并且与其他性质密切相关。一般来说，混凝土强度有抗压强度、抗拉强度、抗弯强度和抗剪强度等。

2. 混凝土抗压强度

（1）定义及分类

混凝土的抗压强度是指其标准试件在压力作用下直到破坏的单位面积所能承受的最大应力。常作为评定混凝土质量的指标，并作为确定强度等级的依据。

混凝土抗压强度主要分为两类：混凝土立方体抗压强度；混凝土轴心抗压强度。以下混凝土强度等级是利用立方体试件确定的。但实际工程中，在钢筋混凝土结构计算中，考虑到混凝土构件的实际受力状态，计算轴心受压构件时，常以轴心抗压强度作为依据。混凝土的轴心抗压强度与立方体抗压强度之比约为 0.7～0.8。

（2）强度等级划分

混凝土强度等级是根据立方体抗压强度标准值来确定的。它的表示方法是用"C"和"立方体抗压强度标准值"两项内容表示，如："C30"即表示混凝土立方体抗压强度标准

值 $f_{cu,k} = 30MPa$。《混凝土质量控制标准》GB 50164-2011 规定，混凝土强度等级按立方体抗压强度标准值（MPa）划分为：C10、C15、C20、C25、C30、C35、C40、C45、C50、C55、C60、C65、C70、C75、C80、C85、C90、C95 和 C100。

混凝土强度等级是混凝土结构设计的强度计算依据，同时还是混凝土施工中控制工程质量和工程验收时的重要依据。

（3）强度等级选用范围

不同的建筑工程，不同的部位通常采用不同强度等级的混凝土，在我国混凝土工程目前水平情况下，一般选用范围如下：

1）C10-C15——用于垫层、基础、地坪及受力不大的结构；

2）C20-C25——用于梁、板、柱、楼梯、屋架等普通混凝土结构；

3）C25-C30——用于大跨度结构、耐久性高的结构、预制构件等结构；

4）C40-C45——用于预应力钢筋混凝土构件、吊车梁及特种结构等；

5）C50-C60——用于 30 层至 60 层以上高层建筑；

6）C60-C80——用于高层建筑，采用高性能混凝土；

7）C80-C120——采用超高强混凝土于高层建筑。将来可能推广使用高达 C130 以上的混凝土。

（4）强度影响因素

1）水灰比的影响。水灰比是影响混凝土抗压强度的主要因素，水灰比大，强度低，水灰比小，强度高。这是因为水泥水化时所需的结合水，一般只占水泥重量的 23% 左右，但在拌制混凝土拌合物时，为了获得必要的流动性，实际加的水远远大于 23%，可达水泥重量的 40%~70%，即采用的水灰比较大。混凝土硬化后，多余的水分蒸发或残存在混凝土中形成毛细孔或水泡，大大减少了混凝土抵抗荷载的实际有效断面，而且可能在孔隙周围产生应力集中，使混凝土强度下降。

2）粗集料的影响。一般情况下，粗集料的强度比水泥的强度和水泥与集料间的黏结力要高，因此粗集料强度对混凝土强度不会有大的影响，但是粗集料如果含有大量的软弱颗粒、针片状颗粒、含泥量、泥块含量、有机质含量、硫化物及硫酸盐含量等，则对混凝土强度产生不良影响。另外，粗集料的表面特征会影响混凝土的抗压强度，表面粗糙、多棱角的碎石与水泥石的黏结力比表面光滑的卵石要高 10% 左右。

3）混凝土硬化时间即龄期的影响。龄期对混凝土强度影响遵循水泥水化历程规律，即随着时间的延长，强度也随之增长。最初 7~14d 内，强度增长较快，28d 以后增长较慢。但只要温湿度适宜，其强度仍随龄期增长。因此，在一定条件下养护的混凝土，可根据其早期强度。

4）养护温度与湿度的影响。混凝土所处的环境温度和湿度，都会对混凝土强度产生重要的影响，通常称为养护。混凝土的强度发展在一定的温度、湿度条件下，在 0~40℃ 范围内，抗压强度随温度增高。水泥水化必须保持一定时间的湿度，如果环境湿度不够，导致失水，使混凝土结构疏松，产生干缩裂缝，严重影响强度和耐久性。

5）施工的影响。混凝土通过适当的振捣，排出混凝土内的水泡、气泡，使混凝土组成材料分布均匀密实，在模内充填良好，构件棱角完整、内实外光。如果混凝土在振捣过程中存在较多气泡或存在缺陷，混凝土强度下降，特别是抗渗混凝土容易造成渗水。

（5）强度提高措施

1）采用高强度等级的水泥。水泥是混凝土中的活性组分，在相同的配合比情况下，所用水泥的强度等级越高，混凝土的强度越高，在用相同强度等级的水泥时，由于硅酸盐水泥和普通水泥早期强度比其他水泥的早期强度高，因此采用此类水泥的混凝土早期强度较高。实际工程中，为加快工程进度，常需要提高混凝土的早期强度，除采用硅酸盐水泥和普通水泥外，也可采用快硬早强水泥。

2）采用较小的水灰比。水灰比是影响混凝土强度的重要因素，水灰比增加，混凝土强度将下降，所以应尽量降低混凝土中水灰比。但是降低水灰比可能会引起流动性下降，难以满足现代泵送混凝土施工工艺的要求。随着混凝土科学技术不断进步，人们不断探索和研究，解决了小水灰比和大流动性之间的矛盾，这就是通过在混凝土中加入高效减水剂，使混凝土在保持所需流动性同时，用水量大幅度减少，从而减少了混凝土中游离水量，同时减少了混凝土内部孔隙，增加了混凝土密实度，进而提高了混凝土强度。

3）采用湿热处理。湿热处理最常用的是蒸汽养护。蒸汽养护就是将成型后的混凝土制品放在100℃以下的常压蒸汽中进行养护。混凝土经16～20h的蒸汽养护后，其强度即可达到标准养护条件下28d强度的70%～80%。

3. 混凝土其他强度

（1）抗拉强度

1）定义及分类

混凝土抗拉强度，是指试件受拉力后断裂时所承受的最大负荷载除以截面积所得的应力值。混凝土的抗拉强度只有抗压强度的1/10～1/20，且随混凝土强度等级的提高，比值有所降低。

混凝土抗拉强度可分为三类：直接抗拉强度；劈裂抗拉强度；弯曲抗拉强度。

2）特点分析

混凝土属脆性材料，直接受拉力作用时，极易开裂，破坏前无明显变形征兆。混凝土的抗拉强度远低于抗压强度，这是由于拉伸时混凝土裂缝的不稳定扩展导致的。集料、养护方式和龄期、引气、密实程度等因素对抗拉强度与抗压强度的影响程度有差异。

与受压强度相比，混凝土的抗拉强度很低，虽然有一定的强度，但一般不作为计算依据。在实际结构设计中，凡是混凝土的受拉区均配有钢筋来承担拉应力，也不考虑混凝土的抗拉强度，在拉力的作用下，混凝土是开裂的，钢筋混凝土是带裂缝工作的。

但混凝土的抗拉强度对于混凝土的抗裂性具有重要作用，它是结构设计中确定混凝土抗裂度的主要指标，也是间接衡量混凝土的抗冲击强度、混凝土与钢筋之间强度的重要指标。对于特殊建筑物，如抗渗要求较高的水池、地下室的外墙等，混凝土抗裂性的高低是保证不发生渗漏的主要因素，此时特别需要使用混凝土的抗拉强度进行抗裂计算。

（2）抗弯强度

抗弯强度是指混凝土材料抵抗弯曲不断裂的能力。一般采用三点抗弯测试或四点测试方法评测。抗弯强度也可称为弯曲抗拉强度，可间接表示混凝土的拉伸性能。

道路路面或机场跑道用混凝土，是以抗弯强度（或称抗折强度）为主要设计指标，而抗压强度作为参考强度指标。因此，抗弯强度在道桥等设计、施工中是很重要的一项技术指标。

2.2.3　混凝土变形性能

混凝土的变形包括非荷载作用下的变形和荷载作用下的变形。非荷载作用下的变形，分为混凝土的塑性收缩、化学收缩、干湿变形及温度变形；荷载作用下的变形，分为短期荷载作用下的变形及长期荷载作用下的变形。

1. 非荷载作用下的变形

（1）塑性收缩

混凝土成型后尚未凝结硬化时属塑性阶段，在此阶段往往由于表面失水而产生收缩，称为塑性收缩。新拌混凝土若表面失水速率超过内部水向表面迁移的速率时，会造成毛细管内部产生负压，因而使浆体中固体粒子间产生一定引力，便产生了收缩，如果引力不均匀作用于混凝土表面，则表面则产生裂纹。

在道路、地坪、楼板等大面积的工程中，塑性收缩是一种常见的收缩，混凝土表面易产生裂纹。预防塑性收缩开裂的方法是降低混凝土表面失水速率，采取防风、降温等措施，最为有效的方法是在混凝土表面覆盖塑料膜、喷洒养护剂等。

（2）化学收缩

混凝土在硬化过程中，由于水泥水化产物的体积小于反应物（水和水泥）的体积，会引起混凝土产生收缩，称为化学收缩。其收缩量是随着混凝土龄期的延长而增加，大致与时间的对数成正比。一般在混凝土成型后40d内收缩量增加较快，之后逐渐趋向稳定。化学收缩是不可恢复的，可使混凝土内部产生微细裂缝。

（3）干湿变形

混凝土的干湿变形主要取决于周围环境湿度的变化，表现为干缩湿胀。干缩对混凝土影响很大，应予以特别注意。

混凝土处于干燥环境时，首先发生毛细管的游离水蒸发，使毛细管内形成负压，随着空气湿度的降低，负压逐渐增大，产生收缩力，导致混凝土整体收缩。当毛细管内水蒸发完后，若继续干燥，还会使吸附在胶体颗粒上的水蒸发，由于分子引力的作用，粒子间距变小，引起胶体收缩，称这种收缩为干燥收缩。

混凝土干缩变形是由表及里逐渐进行的，因而会产生表面收缩大，内部收缩小的现象，导致混凝土表面受到拉力作用。当拉应力超过混凝土的抗拉强度时，混凝土表面就会产生裂缝。此外，混凝土在干缩过程中，集料并不产生收缩，因而在集料与水泥石界面上也会产生微裂缝，裂缝的存在，会对混凝土强度、耐久性产生有害作用。

影响混凝土干缩的因素有：

1）水泥用量、品种、细度。水泥用量是决定干缩变形大小的主要因素。在水灰比相同的条件下，水泥用量越大，混凝土干缩变形越大。水泥品种与细度对混凝土干缩也有很大影响，如火山灰硅酸盐水泥比硅酸盐水泥干缩率大；水泥越细，干缩率越大。

2）水灰比。相同水泥用量，水灰比大，混凝土内毛细孔数量多，混凝土干缩大。

3）集料的质量。集料粒径、级配、含泥量都与混凝土中所用水泥与水的数量有关。混凝土干缩随着骨料质量的提高而减小。

4）养护条件。养护湿度高，养护时间长，有利于推迟混凝土干燥收缩的产生和发展，可避免混凝土在早期产生较多的干缩裂纹。

（4）温度变形

混凝土具有热胀冷缩的性质，称其变形为温度变形。

温度变形对大体积混凝土工程极为不利。这是因为在混凝土硬化初期，由于水泥水化放出较多的热量，混凝土又是热的不良导体，散热速度慢，聚集在混凝土内部的热量使温度升高，有时可达到50～70℃。造成内部膨胀和外部收缩互相制约，混凝土表面将产生很大拉应力，严重时使混凝土产生开裂。

大体积混凝土施工时，必须尽量设法减少大体积混凝土内外温度差。一方面可采用低热水泥，减少水泥用量，降低内部发热量；另一方面，加强外部混凝土的保温措施，使降温不至于过快，当内部温度开始下降时，又要注意及时调整外部降温速度。

2. 短期荷载作用下的变形

混凝土在受力时，既产生可以恢复的弹性变形，又产生不可恢复的塑性变形，其应力与应变之间的关系不是直线而是曲线。图2-6给出了混凝土受压变形曲线。

（1）变形特性

在荷载作用下，混凝土变形可由四个阶段来描述，这四个阶段决定了混凝土应力-应变曲线的特性。

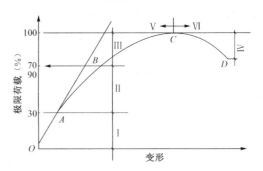

图2-6 混凝土受压变形曲线

Ⅰ阶段：界面裂缝无明显变化，荷载与变形是直线关系；

Ⅱ阶段：界面裂缝的数量、长度、宽度逐渐增大，此时变形增大的速度已超过荷载增大的速度，荷载与变形之间不再是直线关系；

Ⅲ阶段：砂浆开始出现裂缝，并和相邻界面裂缝连接、汇合，此时变形明显进一步加快，荷载与变形曲线弯向变形轴方向；

Ⅳ阶段：裂缝迅速发展，变形迅速增大，荷载变形曲线下降，混凝土最终破坏。

（2）弹性模量

混凝土弹性模量是反映混凝土结构或钢筋混凝土结构刚度大小的重要指标。在应力-应变曲线上任一点的应力与其应变的比值，叫作混凝土在该应力下的变形模量。

在混凝土结构或钢筋混凝土结构设计中，常采用按标准方法测得的静力受压弹性模量E_c。混凝土的强度越高，弹性模量越高。当混凝土的强度等级由C10增高到C60时，其弹性模量大致是由1.75×10^4MPa增至3.60×10^4MPa。混凝土的弹性模量取决于集料和水泥石的弹性模量，介于二者之间。

影响混凝土弹性模量的因素有：

①水泥用量少，水灰比小，混凝土弹性模量大；

②集料弹性模量大、质量好、级配优良，则混凝土弹性模量大；

③相同强度情况下，早期养护温度较低的混凝土具有较大的弹性模量；蒸汽养护混凝土弹性模量较相同强度的标准条件下养护的混凝土弹性模量小。

④引气混凝土弹性模量较非引气的混凝土低。

3. 长期荷载作用下的变形

混凝土在某一不变荷载的长期持续作用下（即：应力维持不变时），变形也会随着时间的增长而增长，这种现象称为混凝土的徐变。图2-7给出了混凝土徐变的一个实例。

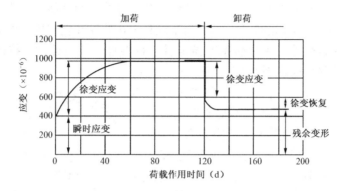

图2-7 混凝土应变与加荷时间关系

在加荷瞬间产生瞬时变形，随着时间的延长，又产生徐变变形。荷载初期，徐变变形增长较快，以后逐渐变慢并稳定下来。卸荷后，一部分变形瞬时恢复，其值小于在加荷瞬间产生的瞬时变形。在卸荷后的一段时间内变形还会继续恢复，称为徐变恢复。最后残存的不能恢复的变形，称为残余变形。

混凝土的徐变是由混凝土中水泥石的徐变所引起的。水泥石的徐变是由于水泥石中的凝胶体在长期荷载作用下的黏性移动，并向毛细孔中移动，同时吸附在凝胶粒子上的吸附水因荷载应力而向毛细孔渗透的结果。从水泥凝结硬化过程克制，随着水泥的逐渐水化，新的凝胶体逐渐填充毛细孔，使毛细孔的相对体积逐渐减少。荷载初期，由于未填满的毛细孔较多，凝胶体较易流动，故徐变增长较快；之后由于内部稳定和水化的进展，毛细孔逐渐减小，徐变发展因而越来越慢。

影响混凝土徐变的因素有加荷龄期、水灰比、水泥用量、集料种类、应力等。

（1）加荷龄期越长，徐变越小；

（2）水灰比和水泥用量越小，徐变越小；

（3）所用集料弹性模量越大，徐变越小；

（4）所受应力越大，徐变越大；

（5）混凝土内毛细孔数量越多，徐变越大。

混凝土不论是受压、受拉或受弯时，均有徐变现象。混凝土的徐变对结构物受力影响很大。由于徐变的存在，使结构物内部的应力及变形都会不断产生重分布。徐变对大体积混凝土的温度应力起到有利的作用，因为温度变形的一部分由徐变变形抵消，从而可以减轻温度变形的破坏作用；但对预应力钢筋混凝土结构，混凝土的徐变将使钢筋的预应力受到损失。

2.2.4 混凝土耐久性能

混凝土作为量大面广的结构材料，除应满足施工要求的和易性和设计强度等级外，还应满足在不同使用条件下，具有各种长期正常使用的性能。如承受压力水作用时，具有一定的抗渗性；遭受反复冻融作用时，具有一定的抗冻性能；遭受环境水侵蚀作用时，具有与之相适应的抗侵蚀性能等，这些性能决定着混凝土经久耐用的程度。

混凝土耐久性是混凝土抵抗气候变化、化学侵蚀、磨损或任何其他破坏过程的能力；也可定义为混凝土抵抗环境介质作用并长期保持其良好的使用性能的能力。严格地说，耐久性不属于混凝土材料本身的性质范畴，而是混凝土在外界环境作用下的表现行为。混凝土耐久性是一项综合性能，主要包括有抗冻性、抗渗性、抗侵蚀性、抗碳化性、护筋性（钢筋锈蚀）、碱集料反应抑制性等。

耐久性支配着混凝土结构在整个服役过程中的"健康"与"寿命"，结构耐久性不足所造成的后果非常严重。近年来，由于混凝土结构耐久性问题，造成建筑物功能丧失，需要停用、修缮、废弃、拆除和重建的事情多有发生，甚至发生严重事故，造成十分巨大的经济、社会损失，威胁公共安全。混凝土耐久性问题已严峻地摆在我们面前，应该引起高度的重视，切实采取措施提高混凝土的耐久性。图2-8～图2-10显示了实际工程中由于力学和环境因素造成的混凝土开裂、剥落、露筋等耐久性危害。

图2-8　混凝土开裂

图2-9　混凝土剥落

图2-10　混凝土露筋

1. 抗冻性

混凝土中总会有一些水存留在混凝土毛细孔中，而这些水灾温度正负交替作用下，就会进行"冻融—消融—冻结"的循环过程。混凝土在这个循环过程中受到水冻胀压力和渗透压力的双重作用，产生疲劳损伤，最终使得混凝土由外而内发生剥蚀破坏。

抗冻性是指混凝土材料抵抗多次"冻融循环"而不疲劳、破、坏的性质。在寒冷地区，特别是接触水又受冻的环境下的混凝土，应具有较高抗冻性。混凝土抗冻性一般以抗冻等级表示，《混凝土质量控制标准》GB 50164-2011对混凝土抗冻等级进行了划分，见表2-24。

混凝土受冻融破坏的原因是，混凝土水化结硬后，内部有很多毛细孔。在浇筑混凝土时，为得到必要的和易性，往往会比水泥水化所需要的水多些。多余的水分滞留在混凝土毛细孔中，低温时水分因结冰产生体积膨胀，引起混凝土内部结构破坏。反复冻融多次，就会使混凝土的损伤累积达到一定程度而引起结构破坏。

混凝土抗冻性能、抗水渗透性能和抗硫酸盐侵蚀性能的等级划分　　　表2-24

抗冻等级（快冻法）		抗冻标号（慢冻法）	抗渗等级	抗硫酸盐等级
F50	F250	D50	P4	KS30
F100	F300	D100	P6	KS60
F150	F350	D150	P8	KS90
F200	F400	D200	P10	KS120
>F400		>D200	P12	KS150
			>P12	>KS150

影响混凝土抗冻性的因素有：

（1）混凝土密实度。密实度越大，抵抗冻融破坏的能力越强，抗冻性越高。

（2）混凝土孔隙构造及数量。开口孔隙越多，水分越易渗入，静水压力越大，抗冻性越差。

（3）混凝土孔隙充水程度。饱水程度越高，冻结后产生的冻胀作用越大，抗冻性越差。

（4）水灰比。水灰比直接影响混凝土中毛细孔的结构和孔隙率。水灰比越大，混凝土中自由水的含量越多，抗冻融能力就越差。

（5）养护时间。延长冻结前的养护时间对提高混凝土抗冻性是有利的。

（6）含气量。当混凝土中含有大量的不连通小孔时，在混凝土受冻的时候可以减小混凝土受到的静水压力并抑制混凝土中水结冰，提高混凝土的抗冻性。

提高混凝土抗冻性的途径主要有：降低水灰比，减少混凝土中多余的水分；掺用引气剂，可使混凝土中孔隙成为细小、封闭、均匀的气泡，使水分难以渗入；冬季施工时，加强养护，防止早期受冻，并掺入防冻剂等。

2. 抗渗性

抗渗性是指混凝土抵抗水、油等液体在压力作用下渗透的性能。抗渗性是混凝土一项重要性质，它直接影响混凝土的抗冻性和抗侵蚀性。一般采用抗渗等级表示混凝土抗渗性，《混凝土质量控制标准》GB 50164-2011对混凝土抗渗等级进行了划分，见表2-18。

混凝土渗水的主要原因是混凝土属多孔结构材料。由于内部孔隙形成连通的渗水通道，这些通道除产生于施工振捣不密实之外，主要来源于水泥浆中多余水分的蒸发而留下的气孔，水泥浆泌水所形成的毛细管孔道以及粗集料下部聚积的水膜。

影响混凝土渗水的因素有：

（1）水灰比。抗渗性随水灰比的增加而下降，当水灰比大于0.6时，抗渗性急剧下降。这是因为水灰比越大，形成的渗水通道可能越多。

（2）集料的最大粒径。相同水灰比下，集料最大粒径越大，集料与水泥浆界面处越易产生裂隙，集料下方越易形成孔穴，渗水通道就越多，抗渗性就越差。

（3）水泥品种及细度。水泥品种不同，细度不同，硬化后水泥石孔隙不同；细度越大，孔隙越小，强度越高，则抗渗性越好。

（4）养护条件。在干燥或湿度小的情况下，混凝土早期失水多，易形成收缩裂缝，降低混凝土抗渗性。蒸汽养护的混凝土较潮湿养护混凝土抗渗性差。

（5）外加剂。在混凝土中掺入某些外加剂，如减水剂，可减小水灰比，改善和易性，提高密实性；掺入引气剂，可截断渗水通道，提高抗渗性。

（6）掺合料。在混凝土中掺入掺合料，如掺入优质粉煤灰等，可提高密实度，因而提高了混凝土抗渗性。

提高混凝土抗渗性的关键措施是设法改变混凝土孔隙特征，截断渗水通道或增大密实度。

3. 抗侵蚀性

抗侵蚀性是指混凝土在含有侵蚀性介质环境中遭受到化学侵蚀、物理作用而不破坏的能力。目前的侵蚀类型主要有：硫酸盐侵蚀、酸侵蚀、海水侵蚀等。

硫酸盐侵蚀是硫酸盐溶液从混凝土结构物表面侵入到内部，一部分发生反应生成膨胀性盐，一部分在混凝土内部的微裂纹处不断结晶，最后导致混凝土体积不断膨胀，致使混凝土结构内部遭到破坏的过程。硫酸盐除在一些化工企业存在外，海水及一些土壤中也存在。如需控制硫酸盐的侵蚀对混凝土结构耐久性的影响，应该在拌合混凝土的原料选择上把关或采用混凝土防护材料。《混凝土质量控制标准》GB 50164-2011 对混凝土抗硫酸盐侵蚀等级进行了划分，见表 2-25。

酸侵蚀是因为混凝土是碱性材料，遇到酸性物质会产生化学反应，使混凝土产生裂缝、脱落，并导致破坏。酸不仅存在于化工企业，在地下水，特别是沼泽地区或泥炭地区广泛存在碳酸及溶有 CO_2 水。

海水侵蚀是因为在海港、近海结构中的混凝土构筑物，经常受到海水的侵蚀。海水中的 $NaCl$、$MgCl_2$、$MgSO_4$、K_2SO_4 等成分，尤其是氯离子和硫酸镁对混凝土有较强的腐蚀作用。在海岸飞溅区，受到干湿的物理作用，也有利于氯离子和硫酸根离子的渗入。氯离子的影响尤为显著。氯离子会通过混凝土表面的吸附、渗透、扩散、毛细吸附等各种途径侵入混凝土内部。氯离子经过混凝土保护层侵入到钢筋表面，氯离子在钢筋表面积累到一定浓度就会引起钢筋锈蚀。氯离子引起混凝土结构破坏的过程一般分为两个阶段：①初始阶段，氯离子透过混凝土保护层，不断在钢筋表面积聚，当氯离子浓度超过临界值后，钢筋开始锈蚀；②钢筋锈蚀发展阶段，钢筋开始锈蚀后，锈蚀产物体积膨胀使保护层开裂，一旦混凝土出现裂缝，钢筋锈蚀速度加快，导致混凝土结构的破坏。《混凝土质量控制标准》GB 50164-2011 对混凝土抗氯离子渗透等级进行了划分，见表 2-25 和表 2-26。

混凝土抗氯离子渗透性能的等级划分（RCM 法）					表 2-25
等　级	RCM-Ⅰ	RCM-Ⅱ	RCM-Ⅲ	RCM-Ⅳ	RCM-Ⅴ
氯离子迁移系数 D_{RCM}（RCM 法）（$\times 10^{-12} m^2/s$）	$D_{RCM} \geq 4.5$	$3.5 \leq D_{RCM} < 4.5$	$2.5 \leq D_{RCM} < 3.5$	$1.5 \leq D_{RCM} < 2.5$	$D_{RCM} < 1.5$

混凝土抗氯离子渗透性能的等级划分（电通量法） 表2-26

0	Q-Ⅰ	Q-Ⅱ	Q-Ⅲ	Q-Ⅳ	Q-Ⅴ
电通量 Q_S（C）	$Q_S \geqslant 4000$	$2000 \leqslant Q_S < 4000$	$1000 \leqslant Q_S < 2000$	$500 \leqslant Q_S < 1000$	$Q_S < 500$

混凝土抗侵蚀性与所用水泥品种、混凝土密实度和孔隙特征有关。提高混凝土抗侵蚀性的措施，主要是合理选择水泥品种、降低水灰比、改善孔结构等。

4. 抗碳化性

抗碳化性是指混凝土能够抵抗空气中的二氧化碳与水泥石中碱性物质起化学反应后，生成碳酸钙和水的能力。碳化又称中性化，其化学反应式为：$Ca(OH)_2 + CO_2 = CaCO_3 + H_2O$。《混凝土质量控制标准》GB 50164-2011对混凝土抗碳化等级进行了划分，见表2-27。

混凝土抗碳化性能的等级划分 表2-27

等　　级	T-Ⅰ	T-Ⅱ	T-Ⅲ	T-Ⅳ	T-Ⅴ
碳化深度 d（mm）	$d \geqslant 30$	$20 \leqslant d < 30$	$10 \leqslant d < 20$	$0.1 \leqslant d < 10$	$d < 0.1$

碳化对混凝土性能有明显的影响，主要表现在对混凝土的碱度、混凝土的收缩方面会产生不利影响。碳化会使混凝土的碱度降低，即降低混凝土的 pH 值，同时，增加混凝土孔溶液中氢离子数量，因而会使混凝土对钢筋的保护作用减弱；碳化将显著增加混凝土的收缩，碳化层产生的碳化收缩，使表面产生拉应力，如果拉应力超过混凝土抗拉强度，则会产生微细裂缝。

影响混凝土抗碳化性的因素有：

（1）环境条件

环境条件包括二氧化碳的浓度和相对湿度。一般来说，二氧化碳浓度高，碳化速度快。但碳化反应只有在适量水的存在下才能进行，所以相对湿度对碳化速度影响更显著。相对湿度在50%时碳化最快。

（2）水泥品种

水泥品种不同，水泥产物中碱性物质的含量及混凝土的渗透性能不同，对混凝土碳化深度有一定的影响。

（3）水灰比

水灰比决定 CO_2 在混凝土中的扩散速度。水灰比越大，混凝土内部的孔隙率就越大，混凝土碳化的速度越快。

（4）孔结构和碱度

混凝土越致密，水泥石和集料的孔隙率越低，二氧化碳和水就越难渗透到混凝土中，抗碳化能力越强；碱度越高，抗碳化能力越强。如用较低的粉煤灰取代水泥后，抗碳化能力下降。

（5）外加剂

掺用减水剂和引气剂，可提高混凝土抗碳化能力。

（6）其他

施工质量、养护、集料品种与粒径、混凝土表面是否有涂层等都对混凝土抗碳化性有一定影响。

提高混凝土抗碳化性的技术措施有：

（1）提高混凝土的气密性；

（2）将混凝土中的 pH 值保持在一个可靠范围之内；

（3）将混凝土与恶劣环境隔离开来。

5. 钢筋锈蚀

钢筋锈蚀是最普遍存在的耐久性问题之一。混凝土中钢筋锈蚀属于电化学过程，在氧气、水共同存在的条件下，电化学反应使钢筋表面的铁不断失去电子而溶于水，从而逐渐被腐蚀，在钢筋表面生成红铁锈，体积膨胀数倍，引起混凝土开裂。

钢筋锈蚀速度与混凝土中液相的 pH 值密切相关。在高碱溶液中，钢筋表面生成 $rFe_2O_3 \cdot nH_2O$ 或 $Fe_2O_3 \cdot nH_2O$ 组成的钝化膜，其厚度约为 $200 \sim 1000 \mu m$。该钝化膜能使阳极反应受到抑制，从而阻止钢筋锈蚀。当 pH 值不小于 11.8 时，钢筋处于保持钝化状态；pH 值小于 11.8 时，钢筋钝化膜不稳定，并逐渐被破坏使钢筋开始锈蚀。

混凝土中钢筋锈蚀的影响因素有：混凝土密实度、混凝土保护层厚度、混凝土碳化、环境湿度、氯离子侵入等。在这些因素中，混凝土保护层的碳化和氯离子侵入是造成钢筋锈蚀的主要原因。

（1）混凝土的密实度。混凝土密实不良和构件上产生的裂缝，往往是造成钢筋锈蚀的重要原因，尤其当水泥用量偏小，水灰比不当和振捣不良，或在混凝土浇筑中产生露筋、蜂窝、麻面等情况，都会加速钢筋的锈蚀。

（2）混凝土保护层厚度。提高混凝土保护层厚度是保护钢筋的有效措施。通常钢筋的保护层厚度为 3cm，而在一些海港工程氯离子浓度高的环境下，保护层取 5cm 甚至 7cm。

（3）混凝土碳化。碳化是介质与混凝土相互作用的一种很广泛的形式，最典型的例子是空气中的 CO_2 渗入与孔隙中的 $Ca(OH)_2$ 反应生成 $CaCO_3$，使 pH 值下降。当 pH 值小于 11.5 时，钝化膜就开始不稳定；当 pH 值降低到 9 左右时，钢筋表面的钝化膜遭到破坏，钢筋开始锈蚀。

（4）氯离子侵入。因钝化膜的组成为 $rFe_2O_3 \cdot nH_2O$ 或 $Fe_2O_3 \cdot nH_2O$，它们与氯离子会发生反应，而受到破坏。一方面氯离子可能是随混凝土组成材料（水泥、砂、石、外加剂）进入的，如在冬季施工，为提高混凝土抗冻性而掺入氯盐、海砂拌制混凝土等；另一方面，氯离子是在混凝土硬化后经其孔隙由外界渗入的，如遭受海水侵蚀的海岸混凝土构筑物，冬季在混凝土路面上喷洒盐水防止路面冰冻，游泳池用氯气消毒等。当混凝土构件长期处于上述环境时，氯离子就会通过混凝土中的气孔，随水进入混凝土的内部，最终会接触钢筋并开始积累。当氯离子达到临界浓度后，在足够的氧气和水分条件下引起锈蚀的发生。

钢筋锈蚀的防治与修复措施：

（1）选择合适配比，提高混凝土保护层密实度或增加保护层厚度；

（2）采用防水材料、防腐材料等，以提高混凝土保护层的抗腐蚀能力；

（3）选材方面应尽量选用高强度混凝土、大掺量矿物掺合料配制混凝土；

（4）掺入阻锈剂。

6. 碱集料反应

混凝土集料中的某些活性矿物与混凝土微孔中的碱性溶液产生化学反应称为碱集料反应。碱集料反应产生的碱-硅酸盐凝胶，吸水后会产生膨胀，体积可增大 $3 \sim 4$ 倍，从而引起混凝土的剥落、开裂、强度降低，甚至导致破坏。由于碱集料反应不同于其他混凝土病害，它的开裂破坏是整体性的，而且目前还没有有效的修补方法，因此被学术界称为混凝土的"癌症"。

碱集料反应的三个条件：

（1）混凝土的凝胶中有碱性物质。这种碱性物质主要来自于水泥，若水泥中的含碱量（Na_2O、K_2O）大于 0.6% 时，则会很快析出到水溶液中，遇到活性集料则会发生反应。

（2）集料中含有碱活性矿物，如蛋白石、黑硅石、燧石、玻璃质火山石、安山石等含 SiO_2 的集料。如果集料中不含有碱活性矿物，混凝土中含有再多的碱都不会有碱集料反应的发生。

（3）水分。碱集料反应的充分条件是有水分，在干燥环境下很难发生碱集料反应。

抑制碱集料反应的措施：

（1）掺用掺合料抑制碱集料反应。掺合料的介入能降低混凝土内碱离子的浓度，降低水及各种离子移动速度。常用的掺合料有粉煤灰、矿渣和硅粉。

（2）掺用引气剂。掺用引气剂使混凝土保持 4%～5% 的含气量，可容纳一定数量的反应产物，从而缓解碱集料反应膨胀能力。

（3）尽量隔绝水。

7. 耐久性的改善措施

综上所述，混凝土耐久性内容的综合性，使得混凝土耐久性的改善和提高必须根据混凝土所处环境、条件及对耐久性的要求有所侧重、有的放矢。但是从影响耐久性的众多因素中不难归纳出，提高混凝土的密实度是提高混凝土耐久性的一个重要环节，因此可采取以下措施：

（1）合理选择水泥品种。

根据混凝土工程的特点和环境条件，参照有关水泥在工程中应用的原则选用。

（2）控制混凝土中水灰比及水泥用量。

水灰比是决定混凝土密实度的主要因素，它不但影响混凝土的强度，而且也严重影响其耐久性，因此在混凝土配合比设计中必须适当控制水灰比。此外，保证足够的水泥用量，也是保证混凝土密实性，提高耐久性的一个重要方面。

（3）选用质量良好的砂、石骨料。

选用质量良好的砂、石骨料，是保证混凝土耐久性的重要条件。

（4）掺用引气剂或减水剂。

掺用引气剂或减水剂，对提高抗渗、抗冻等有良好的作用。

（5）加强混凝土质量的生产控制。

在混凝土施工中，做好每一个环节（计量、搅拌、运输、浇灌、振捣、养护）的质量管理和质量控制。

2.3 混凝土配合比设计

2.3.1 混凝土配合比设计基本要求

1. 混凝土配合比设计应满足混凝土配制强度及其他力学性能、拌合物性能、长期性能和耐久性能的要求。混凝土拌合物性能、力学性能、长期性能和耐久性能的试验方法应分别符合现行国家标准《普通混凝土拌合物性能试验方法标准》GB/T50080-2002、《普通混凝土力学性能试验方法标准》GB/T50081-2002 和《普通混凝土长期性能和耐久性能试验方法标准》GB/T50082-2009 的规定。

2. 混凝土配合比设计应采用工程实际使用的原材料；配合比设计所采用的细骨料含水率应小于 0.5%，粗骨料含水率应小于 0.2%。

3. 混凝土的最大水胶比应符合现行国家标准《混凝土结构设计规范》GB 50010-2010 的规定。

4. 除配制 C15 及其以下强度等级的混凝土外，混凝土的最小胶凝材料用量应符合表 2-28 的规定。

混凝土的最小胶凝材料用量   表 2-28

最大水胶比	最小胶凝材料用量（kg/m³）		
	素混凝土	钢筋混凝土	预应力混凝土
0.60	250	280	300
0.55	280	300	300
0.50	320		
≤0.45	330		

5. 矿物掺合料在混凝土中的掺量应通过试验确定。采用硅酸盐水泥或普通硅酸盐水泥时，钢筋混凝土中矿物掺合料最大掺量宜符合表 2-29 的规定，预应力混凝土中矿物掺合料最大掺量宜符合表 2-30 的规定。对基础大体积混凝土，粉煤灰、粒化高炉矿渣粉和复合掺合料的最大掺量可增加 5%。采用掺量大于 30% 的 C 类粉煤灰的混凝土应以实际使用的水泥和粉煤灰掺量进行安定性检验。

钢筋混凝土中矿物掺合料最大掺量   表 2-29

矿物掺合料种类	水胶比	最大掺量（%）	
		采用硅酸盐水泥时	采用普通硅酸盐水泥时
粉煤灰	≤0.40	45	35
	>0.40	40	30

矿物掺合料种类	水胶比	最大掺量（%）	
		采用硅酸盐水泥时	采用普通硅酸盐水泥时
粒化高炉矿渣	≤0.40	65	55
	>0.40	55	45
钢渣粉	—	30	20
磷渣粉	—	30	20
硅灰	—	10	10
复合掺合料	≤0.40	65	55
	>0.40	55	45

注：1. 采用其他通用硅酸盐水泥时，宜将水泥混合材掺量20%以上的混凝土材量计入矿物掺合料；

2. 复合掺合料各组分的掺量不宜超过单掺时的最大掺量；

3. 在混合使用两种或两种以上矿物掺合料时，矿物掺合料总掺量应符合表中复合掺合料的规定。

预应力混凝土中矿物掺合料最大掺量 表2-30

矿物掺合料种类	水胶比	最大掺量（%）	
		采用硅酸盐水泥时	采用普通硅酸盐水泥时
粉煤灰	≤0.40	35	30
	>0.40	25	20
粒化高炉矿渣	≤0.40	55	45
	>0.40	45	35
钢渣粉	—	20	10
磷渣粉	—	20	10
硅灰	—	10	10
复合掺合料	≤0.40	55	45
	>0.40	45	35

注：1. 采用其他通用硅酸盐水泥时，宜将水泥混合材掺量20%以上的混凝土材量计入矿物掺合料；

2. 复合掺合料各组分的掺量不宜超过单掺时的最大掺量；

3. 在混合使用两种或两种以上矿物掺合料时，矿物掺合料总掺量应符合表中复合掺合料的规定。

6. 混凝土拌合物水溶性氯离子最大含量应符合表2-31的规定，其测试方法应符合现行业标准《水运工程混凝土试验规程》JTJ270-1998中混凝土拌合物中氯离子含量的快速测定方法的规定。

7. 长期处于潮湿或水位变动的寒冷和严寒环境以及盐冻环境的混凝土应掺用引气剂。引气剂掺量应根据混凝土含气量要求经试验确定，混凝土最小含气量应符合表2-32的规定，最大不宜超过7.0%。

环境条件	水溶性氯离子最大含量（%）		
	钢筋混凝土	预应力混凝土	素混凝土
干燥环境	0.30		
潮湿但不含氯离子的环境	0.20	0.06	1.00
潮湿且含有氯离子的环境、盐渍土环境	0.10		
除冰盐等侵蚀性物质的腐蚀环境	0.06		

混凝土最小含气量　　　　　表2-32

粗骨料最大公称粒径 （mm）	混凝土最小含气量（%）	
	潮湿或水位变动的寒冷和严寒环境	盐冻环境
40.0	4.5	5.0
25.0	5.0	5.5
20.0	5.5	6.0

8. 对于有预防混凝土碱骨料反应设计要求的工程，宜掺用适量粉煤灰或其他矿物掺合料，混凝土中最大碱含量不应大于 $3.0kg/m^3$；对于矿物掺合料碱含量，粉煤灰碱含量可取实测值的 1/6，粒化高炉矿渣粉碱含量可取实测值的 1/2。

2.3.2　配合比设计

1. 混凝土配制强度的确定

（1）当混凝土的设计强度等级小于 C60 时，配制强度应按下式确定：

$$f_{cu,0} \geq f_{cu,k} + 1.645\sigma$$

式中　$f_{cu,0}$——混凝土配制强度，MPa；

$f_{cu,k}$——混凝土立方体抗压强度标准值，MPa；

σ——混凝土强度标准差，MPa。

当设计强度等级不小于 C60 时，配制强度应按下式确定：

$$f_{cu,0} \geq 1.15 f_{cu,k}$$

（2）混凝土强度标准差应按下列规定确定：

1）当具有近 1~3 个月的同一品种、同一强度等级混凝土的强度资料，且试件组数不小于 30 时，其混凝土强度标准差 σ 应按下式计算：

$$\sigma = \sqrt{\frac{\sum_{i=1}^{n} f_{cu,i}^2 - n m_{fcu}^2}{n-1}} \qquad (2-1)$$

式中　σ——混凝土强度标准差；

$f_{cu,i}$——第 i 组试件强度，MPa；

m_{fcu}——n 组试件强度平均值，MPa；

n——试件组数。

对于强度等级不大于 C30 的混凝土，当混凝土强度标准差计算值不小于 3.0MPa 时，应按式（2-1）计算结果取值；当混凝土强度标准差值计算小于 3.0MPa 时，应取 3.0MPa。

对于强度等级大于 C30 且小于 C60 的混凝土，当混凝土强度标准差计算值不小于 4.0MPa 时，应按式（2-1）计算结果取值；当混凝土强度标准差计算值小于 4.0MPa 时，应取 4.0MPa。

2）当没有近期的同一品种、同一强度等级混凝土强度资料时，其强度标准差 σ 可按表 2-33 取值。

标准差 σ 值（MPa） 表 2-33

混凝土强度等级	≤C20	C25～C45	C50～C55
σ	4.0	5.0	6.0

2. 混凝土配合比计算

（1）水胶比

1）当混凝土强度等级小于 C60 时，混凝土水胶比宜按式（2-2）计算：

$$W/B = \frac{\alpha_a f_b}{f_{cu,0} + \alpha_a \alpha_b f_b} \tag{2-2}$$

式中：W/B——混凝土水胶比；

α_a、α_b——回归系数，按表 2-34 的规定取值；

f_b——胶凝材料 28d 胶砂抗压强度（MPa），可实测，且试验方法应按现行国家标准《水泥胶砂强度检验方法（ISO 方法）》GB/T17671-1999 执行；也可按式（2-3）来确定。

2）回归系数（α_a、α_b）宜按下列规定确定：

①根据工程所使用的原材料，通过试验建立的水胶比与混凝土强度关系式来确定；

②当不具备上述试验统计资料时，可按表 2-34 选用。

回归系数（α_a、α_b）取值表 表 2-34

混凝土类别	α_a	α_b	混凝土类别	α_a	α_b
碎石混凝土	0.53	0.20	卵石混凝土	0.49	0.13

3）当胶凝材料 28d 胶砂抗压强度值 f_b 无实测值时，可按式（2-3）计算：

$$f_b = \gamma_f \gamma_s f_{ce} \tag{2-3}$$

式中 γ_f、γ_s——粉煤灰影响系数和粒化高炉矿渣粉影响系数；可按照表 2-35 取值；

f_{ce}——水泥 28d 胶砂抗压强度（MPa）。

粉煤灰影响系数 γ_f 和粒化高炉矿渣粉影响系数 γ_s 表 2-35

掺量（%）	粉煤灰影响系数 γ_f	粒化高炉矿渣粉影响系数 γ_s
0	1.00	1.00
10	0.85 ~ 0.95	1.00
20	0.75 ~ 0.85	0.95 ~ 1.00
30	0.65 ~ 0.75	0.90 ~ 1.00
40	0.55 ~ 0.65	0.80 ~ 0.90
50	—	0.70 ~ 0.85

注：1. 采用 I 级、II 级粉煤灰宜取上限值；
　　2. 采用 S75 级粒化高炉矿渣粉宜取下限值，采用 S95 级粒化高炉矿渣粉宜取上限值，采用 S105 级粒化高炉矿渣粉可取上限值加 0.05；
　　3. 当超出表中的掺量时，粉煤灰和粒化高炉矿渣粉影响系数应经试验确定。

4）当水泥 28d 胶砂抗压强度 f_{ce} 无实测值时，可按式（2-4）计算：

$$f_{ce} = \gamma_c f_{ce,g} \qquad (2-4)$$

式中　γ_c——水泥等级值的富余系数，可按实际统计资料确定；当缺乏实际统计资料时，可按表 2-36 选用（《普通混凝土配合比设计规程》JGJ55-2011）；

　　　$f_{ce,g}$——水泥强度等级值（MPa）。

水泥强度等级值的富余系数 γ_c 表 2-36

水泥强度等级值	32.5	42.5	52.5
富余系数	1.12	1.16	1.10

（2）用水量和外加剂用量

1）每立方米干硬性或塑性混凝土的用水量（m_{w_0}）应符合下列规定：

①混凝土水胶比在 0.40 ~ 0.80 范围内，可按表 2-37 和表 2-38 选取；

②混凝土水胶比小于 0.40 时，可通过试验确定。

干硬性混凝土的用水量（kg/m³） 表 2-37

拌合物稠度		卵石最大公称粒径（mm）			碎石最大公称粒径（mm）		
项目	指标	10.0	20.0	40.0	16.0	20.0	40.0
维勃稠度（s）	16 ~ 20	175	160	145	180	170	155
	11 ~ 15	180	165	150	185	175	160
	5 ~ 10	185	170	155	190	180	165

拌合物稠度		卵石最大公称粒径（mm）				碎石最大公称粒径（mm）			
项目	指标	10.0	20.0	31.5	40.0	16.0	20.0	31.5	40.0
坍落度（mm）	10~30	190	170	160	150	200	185	175	165
	35~50	200	180	170	160	210	195	185	175
	55~70	210	190	180	170	220	205	195	185
	75~90	215	195	185	175	230	215	205	195

注：1. 本表用水量系采用中砂时的取值。采用细砂时，每立方米混凝土用水量可增加5~10kg；采用粗砂时，可减少5~10kg。
 2. 掺用矿物掺合料和外加剂时，用水量应相应调整。

2）掺外加剂时，每立方米流动性或大流动性混凝土的用水量（m_{w_0}）可按式（2-5）计算。

$$m_{w_0} = m'_{w_0}(1 - \beta) \tag{2-5}$$

式中　m_{w_0}——计算配合比每立方米混凝土的用水量（kg/m³）；

　　　m'_{w_0}——未掺外加剂时推定的满足实际坍落度要求的每立方米混凝土用水量（kg/m³），以表2-38中90mm坍落度的用水量为基础，按每增大20mm坍落度相应增加5kg/m³用水量来计算，当坍落度增大到180mm以上时，随坍落度相应增加的用水量可减少；

　　　β——外加剂的减水率（%），应经混凝土试验确定。

3）每立方米混凝土中外加剂用量（m_{a_0}）按式（2-6）计算：

$$m_{a_0} = m_{b_0}\beta_a \tag{2-6}$$

式中　m_{a_0}——计算配合比每立方米混凝土中外加剂用量（kg/m³）；

　　　m_{b_0}——计算配合比每立方米混凝土中胶凝材料用量（kg/m³）；

　　　β_a——外加剂掺量（%），经混凝土试验确定。

（3）胶凝材料、矿物掺合料和水泥用量

1）每立方米混凝土的胶凝材料用量（m_{b_0}）按式（2-7）计算，并进行试拌调整，在拌合物性能满足的情况下，取经济合理的胶凝材料用量。

$$m_{b_0} = \frac{m_{w_0}}{W/B} \tag{2-7}$$

式中　m_{b_0}——计算配合比每立方米混凝土中胶凝材料用量（kg/m³）；

　　　m_{w_0}——计算配合比每立方米混凝土的用水量（kg/m³）；

　　　W/B——混凝土水胶比。

2）每立方米混凝土的矿物掺合料用量按式（2-8）计算：

$$m_{f_0} = m_{b_0}\beta_f \tag{2-8}$$

式中　m_{f_0}——计算配合比每立方米混凝土中矿物掺合料用量（kg/m³）；

β_f——矿物掺合料掺量（%）。

3）每立方米混凝土的水泥用量（m_{c_0}）按式（2-9）计算：

$$m_{c_0} = m_{b_0} - m_{f_0} \qquad (2-9)$$

式中　m_{c_0}——计算配合比每立方米混凝土中水泥用量（kg/m³）。

（4）砂率

1）砂率β_s根据骨料的技术指标、混凝土拌合物性能和施工要求，参考既有历史资料确定。

2）当缺乏砂率的历史资料时，混凝土砂率的确定应符合下列规定：

①坍落度小于10mm的混凝土，其砂率应经试验确定；

②坍落度为10～60mm的混凝土，其砂率可根据粗骨料品种、最大公称粒径及水胶比按表2-7确定；

③坍落度大于60mm的混凝土，其砂率可经试验确定，也可在表2-39的基础上，坍落度每增大20mm，砂率增大1%的幅度予以调整。

混凝土的砂率（%）　　　　　　　　　表2-39

水胶比	卵石最大公称粒径（mm）			碎石最大公称粒径（mm）		
	10.0	20.0	40.0	16.0	20.0	40.0
0.40	26～32	25～31	24～30	30～35	29～34	27～32
0.50	30～35	29～34	28～33	33～38	32～37	30～35
0.60	33～38	32～37	31～36	36～41	35～40	33～38
0.70	36～41	35～40	34～39	39～44	38～43	36～41

注：1. 本表数值系中砂的选用砂率，对细砂或粗砂，可相应地减少或增大砂率；

　　2. 采用人工砂配制混凝土时，砂率可适当增大；

　　3. 只用一个单位级粗骨料配制混凝土时，砂率应适当增大。

（5）粗、细骨料用量

1）当采用质量法计算混凝土配合比时，粗、细骨料用量按式（2-10）计算，砂率按式（2-11）计算。

$$m_{f_0} + m_{a_0} + m_{g_0} + m_{s_0} + m_{w_0} + m_{cp} \qquad (2-10)$$

$$\beta_s = \frac{m_{s_0}}{m_{s_0} + m_{g_0}} \times 100\% \qquad (2-11)$$

式中　m_{g_0}——计算配合比每立方米混凝土的粗骨料用量（kg/m³）；

　　　　m_{s_0}——计算配合比每立方米混凝土的细骨料用量（kg/m³）；

　　　　β_s——砂率（%）；

　　　　m_{cp}——每立方米混凝土拌合物的假定质量（kg），可取2350～2450kg/m³。

2）当采用体积法计算混凝土配合比时，砂率按公式（2-11）计算，粗、细骨料用量按公式（2-12）计算。

$$\frac{m_{c_0}}{\rho_c} + \frac{m_{f_0}}{\rho_f} + \frac{m_{g_0}}{\rho_g} + \frac{m_{s_0}}{\rho_s} + \frac{m_{w_0}}{\rho_w} + 0.01\alpha = 1 \qquad (2-12)$$

式中 ρ_c——水泥密度（kg/m³），按现行国家标准《水泥密度测定方法》GB/T208-1994
测定，也可取 2900～3100kg/m³；

ρ_f——矿物掺合料密度（kg/m³），可按现行国家标准《水泥密度测定方法》GB/
T208-1994 测定；

ρ_g——粗骨料的表观密度（kg/m³），可按现行行业标准《普通混凝土用砂、石质量
及检验方法标准》JGJ52-2006 测定；

ρ_s——细骨料的表观密度（kg/m³），可按现行行业标准《普通混凝土用砂、石质量
及检验方法标准》JGJ52-2006 测定；

ρ_w——水的密度（kg/m³），可取 1000kg/m³；

α——混凝土的含气量百分数，不使用引气剂或引气型外加剂时，α 可取 1。

（6）混凝土配合比的试配、调整与确定

1）试配

①混凝土试配采用强制式搅拌机进行搅拌，符合现行行业标准《混凝土试验用搅拌
机》JG244-2009 的规定，搅拌方法与施工采用的方法相同。

②试验室成型条件符合国家标准《普通混凝土拌合物性能试验方法标准》GB/T50080-
2002 的规定。

③每盘混凝土试配的最小搅拌量应符合表 2-40 的规定，并不应小于搅拌机公称容量
的 1/4 且不应大于搅拌机公称容量。

混凝土试配的最小搅拌量　表 2-40

粗骨料最大公称粒径（mm）	拌合物数量（L）
≤31.5	20
40.0	25

④在计算配合比的基础上应进行试拌。计算水胶比宜保持不变，应通过调整配合比其他参数使混凝土拌合物性能符合设计和施工要求，然后修正计算配合比，提出试拌配合比。

⑤在试拌配合比的基础上应进行混凝土强度试验，并应符合下列规定：

a. 应采用三个不同的配合比，其中一个应为 2.6.4 条确定的试拌配合比，另外两个配
合比的水胶比应较试拌配合比分别增加和减少 0.05，用水量应与试拌配合比相同，砂率可
分别增加和减少 1%；

b. 进行混凝土强度试验时，拌合物性能应符合设计和施工要求；

c. 进行混凝土强度试验时，每个配合比应至少制作一组试件，并应标准养护到 28d 或
设计规定龄期时试压。

2）配合比的调整与确定

①配合比调整应符合下列规定：

a. 根据 2.2.6.1 中第（5）条混凝土强度试验结果，绘制强度和胶水比的线性关系图
或插值法确定略大于配制强度对应的胶水比；

b. 在试拌配合比的基础上，用水量（m_w）和外加剂用量（m_a）应根据确定的水胶比
作调整；

c. 胶凝材料用量（m_b）应以用水量乘以确定的胶水比计算得出；

d. 粗骨料和细骨料用量（m_g 和 m_s）应根据用水量和胶凝材料用量进行调整。

②混凝土拌合物表观密度和配合比校正系数的计算应符合下列规定：

a. 配合比调整后的混凝土拌合物的表观密度按式（2-13）计算：

$$\rho_{c,c} = m_c + m_f + m_g + m_s + m_w \qquad (2-13)$$

式中　$\rho_{c,c}$——混凝土拌合物的表观密度计算值（kg/m^3）；

　　　m_c——每立方米混凝土的水泥用量（kg/m^3）；

　　　m_f——每立方米混凝土的矿物掺合料用量（kg/m^3）；

　　　m_g——每立方米混凝土的粗骨料用量（kg/m^3）；

　　　m_s——每立方米混凝土的细骨料用量（kg/m^3）；

　　　m_w——每立方米混凝土的水用量（kg/m^3）。

b. 混凝土配合比校正系数按式（2-14）计算：

$$\delta = \frac{\rho_{c,t}}{\rho_{c,c}} \qquad (2-14)$$

式中　δ——混凝土配合比校正系数；

　　　$\rho_{c,t}$——混凝土拌合物的表观密度实测值（kg/m^3）。

c. 当混凝土拌合物表观密度实测值与计算值之差的绝对值不超过计算值的2%时，按2）条调整的配合比可维持不变；当二者之差超过2%时，应将配合比中每项材料用量均乘以校正系数（δ）。

d. 对耐久性有设计要求的混凝土应进行相关耐久性试验验证。

（7）混凝土配合比设计实例

某工程现浇钢筋混凝土梁，混凝土设计强度等级为C25，施工要求坍落度为50～70mm。不受风雪等作用。施工单位的强度标准差为4.0MPa。所用材料：42.5普通硅酸盐水泥，实测28d强度48MPa，$\rho_c = 3.15g/cm^3$；中砂，符合Ⅱ区级配，$\rho_{os} = 2.6g/cm^3$；碎石，粒级5～40mm，$\rho_{og} = 2.65g/cm^3$；自来水。求计算配合比。

解：

1）计算混凝土试配强度（$f_{cu,o}$）

$$f_{cu,o} = f_{cu,k} + 1.645\sigma = (25 + 1.645 \times 4)MPa = 31.58MPa$$

2）水胶比计算（W/B）

根据$f_{cu,o}$要求，按下式计算水灰比

$$W/B = \frac{\alpha_a f_b}{f_{cu,o} + \alpha_a \alpha_b f_b} = \frac{0.53 \times 48}{31.58 + 0.53 \times 2 \times 48} \approx 0.69$$

3）查表2-38，取$W_0 = 185kg$。

4）计算水泥用量（C_0）

$$C_0 = W_0 \times B/W = 185 \times 1/0.69 \approx 268kg$$

5）确定砂率（S_p）

查表2-39，取$S_p = 36\%$；

6）计算砂、石用量

体积法：

$$\begin{cases} \dfrac{G_{g0}}{\rho_g} + \dfrac{S_{s0}}{\rho_s} = 1000 - \dfrac{C_{c0}}{\rho_c} - W_0 - 10a \\ \dfrac{S_0}{S_0 + G_0} = S_p \end{cases}$$

取 $\alpha = 1$

$$\begin{cases} \dfrac{G_0}{2.65} + \dfrac{S_0}{2.60} = 1000 - \dfrac{268}{3.15} - 185 - 10 \\ \dfrac{S_0}{S_0 + G_0} = 36\% \end{cases}$$

则可得 $S_0 = 682\mathrm{kg}$，$G_0 = 1212\mathrm{kg}$。

因此，$1\mathrm{m}^3$ 混凝土的材料用量（kg）为：$C_0 = 268$，$W_0 = 185$，$S_0 = 682$，$G_0 = 1212$。

以水泥质量为 1，则配合比为：

$$C_0 : S_0 : G_0 = 268 : 682 : 1212 = 1 : 2.54 : 4.52$$
$$W_0 / C_0 = 0.69$$

质量法：

假定混凝土表观密度为 $2400\mathrm{kg/m}^3$，则：

$$\begin{cases} C_0 + S_0 + G_0 + W_0 = 2400 \\ \dfrac{S_0}{S_0 + G_0} = 36\% \end{cases}$$

代入已知数据，得：$S_0 = 700\mathrm{kg}$，$G_0 = 1247\mathrm{kg}$。

初步配合比

$$C_0 : S_0 : G_0 = 268 : 700 : 1247 = 1 : 2.61 : 4.65$$
$$W_0 / C_0 = 0.69$$

1. 抗渗混凝土

（1）抗渗混凝土的原材料应符合下列规定：

1）水泥宜采用普通硅酸盐水泥；

2）粗骨料宜采用连续级配，其最大公称粒径不宜大于 40.0mm，含泥量不得大于 1.0%，泥块含量不得大于 0.5%；

3）细骨料宜采用中砂，含泥量不得大于 3.0%，泥块含量不得大于 1.0%；

4）抗渗混凝土宜掺用外加剂和矿物掺合料，粉煤灰等级应为Ⅰ级或Ⅱ级。

（2）抗渗混凝土配合比应符合下列规定：

1）最大水胶比应符合表 2-41 的规定；

抗渗混凝土最大水胶比 　　　　　　表 2-41

抗渗等级	最大水胶比	
	C20 ~ C30	C30 以上
P6	0.60	0.55
P8 ~ P12	0.55	0.50
> P12	0.50	0.45

2）每立方米混凝土中的胶凝材料用量不宜小于320kg；

3）砂率宜为35%~45%。

（3）配合比设计中混凝土抗渗技术要求应符合下列规定：

1）配制抗渗混凝土要求的抗渗水压值应比设计值提高0.2MPa；

2）抗渗试验结果应满足下式要求：

$$P_t \geq \frac{P}{10} + 0.2$$

式中　P_t——是6个试件中不少于4个未出现渗水时的最大水压值（MPa）；

　　　　P——是设计要求的抗渗等级值。

（4）掺用引气剂或引气型外加剂的抗渗混凝土，应进行含气量试验，含气量宜控制在3.0%~5.0%。

2．抗冻混凝土

（1）抗冻混凝土的原材料应符合下列规定：

1）水泥应采用硅酸盐水泥或普通硅酸盐水泥；

2）粗骨料宜选用连续级配，其含泥量不得大于1.0%，泥块含量不得大于0.5%；

3）细骨料含泥量不得大于3.0%，泥块含量不得大于1.0%；

4）粗细骨料均应进行坚固性试验，并应符合现行业标准《普通混凝土用砂、石质量及检验方法标准》JGJ52-2006的规定；

5）抗冻等级不小于F100的抗冻混凝土宜掺用引气剂；

6）在钢筋混凝土和预应力混凝土中不得掺用含有氯盐的防冻剂；在预应力混凝土中不得掺用含有亚硝酸盐或碳酸盐的防冻剂。

（2）抗渗混凝土配合比应符合下列规定：

1）最大水胶比和最小胶凝材料用量应符合表2-42的规定；

最大水胶比和最小胶凝材料用量　　　　　表2-42

设计抗冻等级	最大水胶比		最小胶凝材料用量（kg/m³）
	无引气剂时	掺引气剂时	
F50	0.55	0.60	300
F100	0.50	0.55	320
不低于F150	—	0.50	350

2）复合矿物掺合料掺量宜符合表2-43的规定；其他矿物掺合料掺量宜符合表2-29的规定；

复合矿物掺合料最大掺量　　　　　表2-43

水胶比	最大掺量（%）	
	采用硅酸盐水泥时	采用普通硅酸盐水泥时
≤0.40	60	50
>0.40	50	40

注：1. 采用其他通用硅酸盐水泥时，可将水泥混合材掺量20%以上的混合材量计入矿物掺合料；

　　2. 复合矿物掺合料中各矿物掺合料组分的掺量不宜超过表2-29中单掺时的限量。

3）掺用引气剂的混凝土最小含气量应符合表 2-32 的规定。

3. 高强混凝土

（1）高强混凝土的原材料应符合下列规定：

1）水泥应选用硅酸盐水泥或普通硅酸盐水泥；

2）粗骨料宜采用连续级配，其最大公称粒径不宜大于 25.0mm，针片状颗粒含量不宜大于 5.0%，含泥量不应大于 0.5%，泥块含量不应大于 0.2%；

3）细骨料的细度模数宜为 2.6～3.0，含泥量不应大于 2.0%，泥块含量不应大于 0.5%；

4）宜采用减水率不小于 25% 的高性能减水剂；

5）宜复合掺用粒化高炉矿渣粉、粉煤灰和硅灰等矿物掺合料；粉煤灰等级不应低于 II 级；对强度等级不低于 C80 的高强混凝土宜掺用硅灰。

（2）高强混凝土配合比应经试验确定，在缺乏试验依据的情况下，配合比设计宜符合下列规定：

1）水胶比、胶凝材料用量和砂率可按表 2-44 选取，并应经试配确定；

水胶比、胶凝材料用量和砂率　　　　　　　　　　表 2-44

强度等级	水胶比	胶凝材料用量（kg/m³）	砂率（%）
≥60，＜C80	0.28～0.34	480～560	35～42
≥C80，＜100	0.26～0.28	520～580	
C100	0.24～0.26	550～600	

2）外加剂和矿物掺合料的品种、掺量，应通过试配确定；矿物掺合料掺量宜为 25%～40%；硅灰掺量不宜大于 10%；

3）水泥用量不宜大于 500kg/m³。

（3）在试配过程中，应采用三个不同的配合比进行混凝土强度试验，其中一个可为依据表 2-38 计算后调整拌合物的试拌配合比，另外两个配合比的水胶比，宜较试拌配合比分别增加和减少 0.02。

（4）高强混凝土设计配合比确定后，尚应采用该配合比进行不少于三盘混凝土的重复试验，每盘混凝土应至少成型一组试件，每组混凝土的抗压强度不应低于配制强度。

（5）高强混凝土抗压强度测定宜采用标准尺寸试件，使用非标准尺寸试件时，尺寸折算系数应经试验确定。

4. 泵送混凝土

（1）泵送混凝土所采用的原材料应符合下列规定：

1）水泥宜选用硅酸盐水泥、普通硅酸盐水泥、矿渣硅酸盐水泥和粉煤灰硅酸盐水泥；

2）粗骨料宜采用连续级配，其针片状颗粒含量不宜大于 10%；粗骨料的最大公称粒径与输送管径之比宜符合表 2-45 的规定；

3）细骨料宜采用中砂，其通过公称直径为 315μm 筛孔的颗粒含量不宜少于 15%；

4）泵送混凝土应掺用泵送剂或减水剂，并宜掺用矿物掺合料。

粗骨料的最大公称粒径与输送管径之比

表2-45

粗骨料品种	泵送高度（m）	粗骨料最大公称粒径与输送管径之比
碎　石	<50	≤1:3.0
	50~100	≤1:4.0
	>100	≤1:5.0
卵　石	<50	≤1:2.5
	50~100	≤1:3.0
	>100	≤1:4.0

（2）泵送混凝土配合比应符合下列规定：

1）胶凝材料用量不宜小于 $300kg/m^3$；

2）砂率宜为 35%~45%。

（3）泵送混凝土试配时应考虑坍落度经时损失。

5. 大体积混凝土

（1）大体积混凝土所用的原材料应符合下列规定：

1）水泥宜采用中、低热硅酸盐水泥或低热矿渣硅酸盐水泥，水泥的 3d 和 7d 水化热应符合现行国家标准《中热硅酸盐水泥 低热硅酸盐水泥 低热矿渣硅酸盐水泥》GB 200-2003 规定。当采用硅酸盐水泥或普通硅酸盐水泥时，应掺加矿物掺合料，胶凝材料的 3d 和 7d 水化热分别不宜大于 240kJ/kg 和 270kJ/kg。水化热试验方法应按现行国家标准《水泥水化热测定方法》GB/T 12959-2008 执行。

2）粗骨料宜为连续级配，最大公称粒径不宜小于 31.5mm，含泥量不应大于 1.0%。

3）细骨料宜为中砂，含泥量不应大于 3.0%。

4）宜掺用矿物掺合料和缓凝型减水剂。

（2）当采用混凝土 60d 或 90d 龄期的设计强度时，宜采用标准尺寸试件进行抗压强度试验。

（3）大体积混凝土配合比应符合下列规定：

1）水胶比不宜大于 0.55，用水量不宜大于 $175kg/m^3$；

2）在保证混凝土性能要求的前提下，宜提高每立方米混凝土中的粗骨料用量；砂率宜为 38%~42%；

3）在保证混凝土性能要求的前提下，应减少胶凝材料中的水泥用量，提高矿物掺合料掺量，矿物掺合料掺量应符合表2-29的规定。

（4）在配合比调整时，控制混凝土绝热温升不宜大于 50℃。

（5）大体积混凝土配合比应满足施工对混凝土凝结时间的要求

第3章 钢 筋

建筑钢材是工程建设中的主要材料之一，广泛用于工业与民用建筑、道路桥梁等工程中。建筑钢材主要是钢筋混凝土结构用各种钢筋、钢丝及钢结构用各种型钢、钢板和钢管等。

钢筋是指钢筋混凝土用和预应力钢筋混凝土用钢材，其横截面为圆形，有时为带有圆角的方形。包括光圆钢筋、带肋钢筋、扭转钢筋。钢筋可以承受拉力，增加机械强度。

炼钢的原理是将熔融的生铁进行氧化。在炼钢过程中，碳被氧化形成一氧化碳气体而逸出，使碳的含量降低到预定范围。硅、锰经氧化，磷、硫则在石灰的作用下均进入渣中被排除。其他杂质含量也降低到允许范围之内。

由于质量较差的空气转炉钢已被氧气转炉钢代替，目前土木工程用钢主要是氧气转炉、平炉和电炉冶炼的。

平炉法以固态或液态铁、铁矿石或加入废钢铁为原料，以煤气或重油为燃料，在平炉中冶炼钢。平炉法冶炼时间长（2~3h），清除杂质较彻底，钢材质量好，但是设备投资大，燃料效率低，钢材成本较高，现已较少使用。

氧气转炉法是在能前后转动的梨形炉中注入熔融的生铁，从上方吹入高压的高纯度氧气，使杂质被氧化去除掉。用氧气转炉精炼时间只需 20~40min，钢材质量好，且不需燃料。因此，这种炼钢法现在已成为主流。

电炉法是一种利用电流的热效应来产生高温的炼钢炉。这种炼钢炉能在短时间内达到高温，温度也容易控制。使用电炉能够充分除去 P 和 S，得到高纯度的优质钢，它适合于冶炼优质或特殊质量的特种钢。

由于精炼中必须供给充足的氧以保证杂质元素被氧化，故精炼后的钢液中含有一定量的氧化铁，使钢的质量降低。因此，在精炼的最后阶段，需将硅铁、锰铁或铝等加入炉中使氧化铁被还原成铁。按照脱氧程度不同，钢可分为沸腾钢、半镇静钢、镇静钢和特殊镇静钢。

沸腾钢脱氧不充分，在浇铸后有大量 CO 气体逸出，钢液沸腾。而镇静钢脱氧充分、浇铸时钢液平静地冷却凝固。二者相比沸腾钢中碳和有害杂质磷、硫等严重偏析（杂质元素在钢中分布不均匀，富集于某些区间的现象称为偏析），使钢材致密程度差。因此，冲击韧性和可焊性较差，特别是低温冲击韧性显著降低。但从经济上比较，沸腾钢只消耗少量脱氧剂，钢锭收缩孔减少，成品率较高，故成本较镇静钢低。半镇静钢介于二者之间。特殊镇静钢脱氧更彻底，性能优于镇静钢。

3.1 钢筋的分类

钢筋种类很多，通常按化学成分、机械性能、生产工艺等进行分类。

3.1.1　按化学成分分

碳素钢钢筋和普通低合金钢筋。

碳素钢钢筋按碳量多少，又分为低碳钢钢筋（含碳量低于 0.25%，如Ⅰ级钢筋），中碳钢钢筋（含碳量 0.25%~0.7%，如Ⅳ级钢筋），高碳钢钢筋（含碳量 0.70%~1.4%，如碳素钢丝），碳素钢中除含有铁和碳元素外，还有少量在冶炼过程中带有的硅、锰、磷、硫等杂质。普通低合金钢钢筋是在低碳钢和中碳钢中加入少量合金元素，获得强度高和综合性能好的钢种，在钢筋中常用的合金元素有硅、锰、钒、钛等，普通低合金钢钢筋主要品种有：20MnSi、40Si2MnV、45SiMnTi 等。

各种化学成分含量的多少，对钢筋机械性能和可焊性的影响极大。一般建筑用钢筋在正常情况下不作化学成分的检验，但在选用钢筋时，仍需注意钢筋的化学成分。下面介绍钢筋中主要的五种元素对其性能的影响。

碳（C）：碳与铁形成化合物渗碳体（Fe_3C），材性硬且脆，钢中含碳量增加渗碳体量就大，钢的硬度和强度也提高，而塑性和韧性则下降，材性变脆，其焊接性也随之变差。

锰（Mn）：它是炼钢时作为脱氧剂加入钢中的，可使钢的塑性及韧性下降，因此含量要合适，一般含量在 1.5% 以下。

硅（Si）：它也是作为脱氧剂加入钢中的，可使钢的强度和硬度增加。有时特意加入一些使其含量大于 0.4%，但不能超过 0.6%，因为它含量大时与碳（C）含量大时的作用一样。

硫（S）：它是一种导致钢热脆性、使钢在焊接时出现热裂纹的有害杂质。它在钢中的存在使钢的塑性和韧性下降。一般要求其含量不得超过 0.045%。

磷（P）：它也是一种有害物质。磷使钢容易发生冷脆并恶化钢的焊接性能，尤其在 200℃时，它可使钢材或焊缝出现冷裂纹。一般要求其含量低于 0.045%，即使有些低合金钢也必须控制在 0.050%~0.120% 之间。

3.1.2　按机械性能分

钢材按照机械性能一般可分为软钢和硬钢。这是根据它们是否存在屈服点划分的，由于硬钢无明显屈服点，塑性较软钢差，所以其控制应力系数较软钢低。

1. 软钢的力学性能

软钢（热轧钢筋）有明显的屈服点，破坏前有明显的预兆（较大的变形，即伸长率），属塑性破坏。

2. 硬钢的力学性能

硬钢（热处理钢筋及高强钢丝）强度高，但塑性差，脆性大。从加载到突然拉断，基本上不存在屈服阶段（流幅）。属脆性破坏。

材料的塑性好坏直接影响到结构构件的破坏性质。所以，应选择塑性好的钢筋。

钢丝、钢绞线属于硬钢，冷拉热轧钢筋属于软钢。硬钢和软钢根据它们是否存在屈服点划分的，由于硬钢无明显屈服点，塑性较软钢差，所以其控制应力系数较软钢低。

钢材之所以存在屈服点差异的主要原因，是软钢和硬钢两种钢是铁（Fe）中碳（C）含量不同所导致。软钢、硬钢的区别就是以 C 含量而定：

（1）含量 0.15% 以下——极软钢；

（2）含量 0.20%~0.30%——软钢；

（3）含量 0.30%~0.50%——半硬钢；

（4）含量 0.50%~0.80%——硬钢；

（5）含量 0.80% 以上——极硬钢。

钢筋混凝土结构用热轧钢筋，过去大都采用碳钢。随着普通低合金钢的发展，现行热轧钢筋，除了碳钢的 3 号钢外，全为普通低合金钢。按机械性能把钢筋分为四级：

（1）Ⅰ级钢筋 235/370 级；

（2）Ⅱ级钢筋 335/510 级；

（3）Ⅲ级钢筋 370/570 级；

（4）Ⅳ级钢筋 540/835 级。

分子是屈服强度，分母是抗拉强度，单位是 MPa。

3.1.3　按生产工艺及轧制外形分

钢筋混凝土用钢筋分为热轧带肋钢筋《钢筋混凝土用钢　第 2 部分：热轧带肋钢筋》（GB1499.2-2007）、余热处理钢筋《钢筋混凝土用余热处理钢筋》（GB13014-1991）、热轧光圆钢筋《钢筋混凝土用钢　第 1 部分：热轧光圆钢筋》（GB1499.1-2008）、热处理钢筋、中高强钢丝、钢绞线、冷加工钢筋和普通低碳钢热轧圆盘条。

1. 热轧带肋钢筋

热轧钢筋是钢厂用普通低碳钢（含碳量不大于 0.25%）和普通低合金钢（合金元素不大于 5%）制成。

热轧带肋钢筋是经热轧成型并自然冷却的成品钢筋。它的横截面通常为圆形，且表面带有两条纵肋和沿长度方向均匀分布的横肋，当横肋的纵截面呈月牙形，且与纵肋不相交时，称为月牙形钢筋；当横肋的纵截面高度相等，且与纵肋相交时，称为等高肋钢筋，其形状见图 3-1 和图 3-2，Ⅱ、Ⅲ级带肋钢筋，采用月牙肋表面形状，其尺寸及允许偏差应符合表 3-1 的规定。

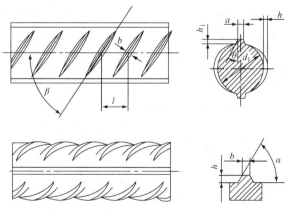

图 3-1　月牙肋钢筋表面及截面形状

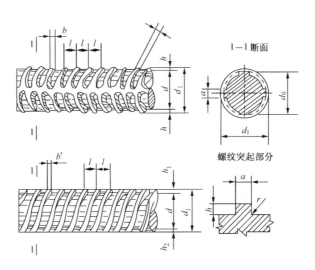

图 3-2 等高肋钢筋表面及截面形状

d—钢筋内径；a—纵肋宽度；h—横肋高度；b—横肋顶宽；
h_1—纵肋高度；l—横肋间距；r—横肋根部圆弧半径

月牙形钢筋外形尺寸（mm） 表 3-1

公称直径 d	内径 d_1		横肋高 h		纵肋高 h_1（不大于）	横肋宽 b	纵肋宽 a	间距 l		横肋末端最大间隙（公称周长的10%弦长）
	公称尺寸	允许偏差	公称尺寸	允许偏差				公称尺寸	允许偏差	
6	5.8	±0.3	0.6	±0.3	0.8	0.4	1.0	4.0		1.8
8	7.7		0.8	+0.4 −0.3	1.1	0.5	1.5	5.5		2.5
10	9.6		1.0	±0.4	1.3	0.6	1.5	7.0	±0.5	3.1
12	11.5	±0.4	1.2		1.6	0.7	1.5	8.0		3.7
14	13.4		1.4	+0.4 −0.5	1.8	0.8	1.8	9.0		4.3
16	15.4		1.5		1.9	0.9	1.8	10.0		5.0
18	17.3		1.6	±0.5	2.0	1.0	2.0	10.0		5.6
20	19.3		1.7		2.1	1.2	2.0	10.0		6.2
22	21.3	±0.5	1.9		2.4	1.3	2.5	10.5	±0.8	6.8
25	24.2		2.1	±0.6	2.6	1.5	2.5	12.5		7.7
28	27.2		2.2		2.7	1.7	3.0	12.5		8.6
32	31.0	±0.6	2.4	+0.8 −0.7	3.0	1.9	3.0	14.0		9.9
36	35.0		2.6	+1.0 −0.8	3.2	2.1	3.5	15.0	±1.0	11.1
40	38.7	±0.7	2.9	±1.1	3.5	2.2	3.5	15.0		12.4
50	48.5	±0.8	3.2	±1.2	3.8	2.5	4.0	16.0		15.5

注：1. 纵肋斜角 θ 为 0°～30°。

2. 尺寸 a、b 为参考数据。

88

带肋钢筋横肋设计原则应符合下列规定：

（1）横肋与钢筋轴线的夹角 β 不应小于 45°，当该夹角不大于 70° 时，钢筋相对两面上横肋的方向应相反。

（2）横肋公称间距不得大于钢筋公称直径的 0.7 倍。

（3）横肋侧面与钢筋表面的夹角 α 不得小于 45°。

（4）钢筋相对两面上横肋末端之间的间隙（包括纵肋宽度）总和不应大于钢筋公称周长的 20%。

（5）当钢筋公称直径不大于 12mm 时，相对肋面积不应小于 0.055；公称直径为 14mm 和 16mm 时，相对肋面积不应小于 0.060；公称直径大于 16mm 时，相对肋面积不应小于 0.065。相对肋面积的计算可参考《钢筋混凝土用钢 第 2 部分：热轧带肋钢筋》GB1499.2-2007 之附录 C。

混凝土用热轧带肋钢筋力学性能及工艺性能技术指标   表 3-2

牌号	下屈服强度 R_{eL}（MPa）	抗拉强度 R_m（MPa）	伸长率 A（%）	最大力总伸长率 A_{gt}（%）	公称直径 d（mm）	冷弯	
	不小于					弯心直径	角度
HRB335 HRBF335	335	455	17		6~25	3d	
					28~40	4d	
					>40~50	5d	
HRB400 HRBF400	400	540	16	7.5	6~25	4d	180°
					28~50	5d	
					>40~50	6d	
HRB500 HRBF500	500	630	115		6~25	6d	
					28~50	7d	
					>40~50	8d	

注：1. 直径 28~40mm 各牌号钢筋的断后伸长率 A 可降低 1%，直径大于 40mm 各牌号钢筋的断后伸长率 A 可降低 2%。

    2. 有较高要求的抗震结构适用牌号为在已有牌号后加 E（如 HRB400E、HRBF400E）的钢筋。该类钢筋尚应满足下列要求：

    a）钢筋实测抗拉强度与实测屈服强度之比 R_m/R_{eL} 不小于 1.25。

    b）钢筋实测屈服强度与屈服强度特征值之比 R_{eL}/R_{eL} 不大于 1.30。

    c）钢筋的最大力总伸长率不小于 9%。

    3. 对于没有明显屈服强度的钢，屈服强度特征值 R_{eL} 采用规定非比例延伸强度 $R_{P0.2}$。

    4. 根据供需双方协议，伸长率可从 A 或 A_{gt} 中选定，如未经协议确定，则伸长率采用 A，仲裁检验时采用 A_{gt}。

2. 热轧光圆钢筋

光圆钢筋是指横截面为圆形，且表面为光滑的钢筋混凝土配筋用钢材，此类钢筋属 I 级钢筋，钢筋的公称直径范围为 6~22mm。

牌号	下屈服强度 R_{eL}（MPa）	抗拉强度 R_m（MPa）	伸长率 A（%）	最大力总伸长率 A_{gt}（%）	冷弯 d：弯心直径 α：钢筋公称直径
	不小于				
HPB235	235	370	25.0	10.0	$180° d = \alpha$
HPB300	300	420			

注：根据供需双方协议，伸长率可从 A 或 A_{gt} 中选定，如未经协议确定，则伸长率采用 A，仲裁检验时采用 A_{gt}。

3. 余热处理钢筋

余热处理钢筋是指将钢材热轧成型后立即穿水，进行表面冷却控制，然后利用芯部余热自身完成回火处理所得的成品钢筋，它也是带肋钢筋，目前仅有月牙钢筋，其钢筋表面及截面形状与热轧带肋钢筋相同，余热处理带肋钢筋的牌号为RRB。

在钢筋混凝土结构设计规范中，对国产建筑用钢筋，按其产品种类不同分别给予不同的符号，供标注及识别之用。HRB为热轧带肋钢筋，H、R、B分别为热轧（Hot rolled）、带肋（Ribbed）、钢筋（Bars）三个词的英文首位字母。

HPB指热轧光圆钢筋，RRB指余热处理钢筋。

235、335、400为强度值。

普通钢筋的抗拉强度设计值 f_y 及抗压强度设计值 f'_y 应按下表采用。

当构件中配有不同种类的钢筋时，每种钢筋应采用各自的强度设计值。

普通钢筋强度设计值（MPa） 表3-4

种类		符号	f_y	f'_y
热轧钢筋	HPB300（Q235）	Φ	270	270
	HRB335（20MnSi）	⊕	300	300
	HRB400（20MnSiV，20MnSiNb，20MnTi）	⊕	360	360
	RRB400（K20MnSi）	⊕ᴿ	360	360

4. 热处理钢筋

在预应力混凝土结构中，除了采用中、高强钢丝外，还采用热处理钢筋。

热处理钢筋是将强度很高的热轧钢筋经过加热、淬火和回火等调质工艺处理的热轧钢筋。其抗拉强度为1470MPa，伸长率 $A = 6\%$，无明显的屈服点和屈服台阶。

5. 中、高强钢丝和钢绞线

（1）直径和外形

中、高强钢丝直径为 $4 \sim 10mm$，捻制成钢绞线后也不超过15.2mm。钢丝外形有光面、刻痕、月牙肋及螺旋肋几种，而钢绞线则为绳状，由2股、3股或7股钢丝捻制而成，均可盘成卷状。刻痕钢丝、螺旋肋钢丝和绳状钢绞线的形状如图3-3所示。

（2）强度指标

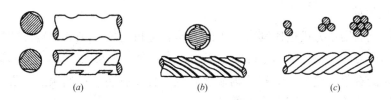

图 3-3 刻痕钢丝、螺旋肋钢丝和绳状钢绞线

（*a*）刻痕钢丝（二面、三面）；（*b*）螺旋肋钢丝；（*c*）绳状钢绞线

中、高强钢丝和钢绞线均无明显的屈服点和屈服台阶，也称为"硬钢"，其抗拉强度很高：中强钢丝的抗拉强度为 800 ~ 1370MPa，高强钢丝、钢绞线的抗拉强度为 1470 ~ 1860MPa。伸长率则很小，$A = 3.5\% ~ 4\%$。中、高强钢丝和钢绞线的应力-应变特征如图 3-4 所示。图中 $\sigma_{0.2}$ 为对应于残余应变为 0.2% 的应力，称之为无明显屈服点钢筋的条件屈服点。

（3）应用场合及设计强度

中、高强钢丝和钢绞线用作预应力混凝土结构的钢筋。

中、高强钢丝和钢绞线的强度标准值取具有 95% 以上保证率的抗拉强度值。设计值取条件屈服点除以分项系数 γ_s。条件屈服点不小于抗拉强度的 85%，建筑工程中取材料分项系数 $\gamma_s = 1.20$，公路桥涵工程中取 $\gamma_s = 1.25$。中高强钢丝、钢绞线和热处理钢筋的代表符号、直径范围、强度标准值、设计值、弹性模量见相关建筑工程规范。中高强钢丝、钢绞线和精制螺纹钢筋的强度标准值、设计值、弹性模量见公路桥涵规范。

6. 冷加工钢筋

冷加工钢筋是指在常温下采用某种工艺对热轧钢筋进行加工得到的钢筋。常用的加工工艺有冷拉、冷拔、冷轧和冷轧扭四种。其目的都是为了提高钢筋的强度，以节约钢材。但是，经冷加工后的钢筋在强度提高的同时，延伸率显著降低，除冷拉钢筋仍具有明显的屈服点外，其余冷加工钢筋均无明显屈服点和屈服台阶。

（1）冷拉钢筋

冷拉可提高屈服强度，使钢筋伸长，起到节约钢材、调直钢筋、自动除锈、检查对焊焊接质量的作用。但冷拉钢筋只能提高抗拉屈服强度，故不宜用于受压钢筋，如图 3-5。

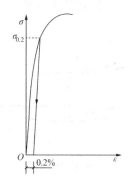

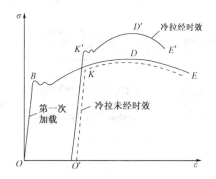

图 3-4 无明显屈服点钢筋的应力-应变曲线　　图 3-5 钢筋冷拉前后的应力-应变曲线

（2）冷拔钢筋

冷拔是将钢筋用强力拔过比其直径小的硬质合金拔丝模（图3-6）。这时钢筋受到纵向拉力和横向压力的作用，内部结构发生变化，截面变小而长度增加。经过几次冷拔，钢筋强度比原来的有很大提高，但塑性则显著降低。且没有明显的屈服点（图3-7）。冷拔可以同时提高钢筋的抗拉强度和抗压强度。

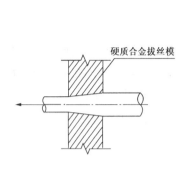

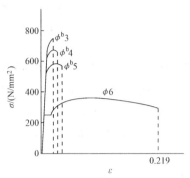

图3-6　钢筋冷拔示意　　　　　　图3-7　冷拔对钢筋应力-应变曲线的影响

冷拔低碳钢丝为光圆钢丝，直径为3mm，4mm，5mm，强度为550MPa，650MPa和750MPa三种。其中，550MPa冷拔低碳钢丝用作非预应力钢筋，其余用作预应力钢筋。

（3）冷轧带肋钢筋

冷轧带肋钢筋是以低碳钢筋或低合金钢筋为原材料，在常温下进行轧制而成的表面带有纵肋和月牙纹横肋的钢筋（图3-8）。它的极限强度与冷拔低碳钢丝相近，但伸长率比冷拔低碳钢丝有明显提高。用这种钢筋逐步取代普通低碳钢筋和冷拔低碳钢丝，可以改善构件在正常使用阶段的受力性能和节省钢材。冷轧带肋钢筋的直径从4~12mm，按0.5mm变化；其抗拉强度分别为550MPa、650MPa、800MPa、970MPa和1170MPa几种。其中，550MPa的冷轧带肋钢筋用作非预应力钢筋，其余的用作预应力钢筋。

（4）冷轧扭钢筋

冷轧扭钢筋是以热轧光面钢筋HPB235为原材料，按规定的工艺参数，经钢筋冷轧扭机一次加工轧扁扭曲呈连续螺旋状的冷强化钢筋（图3-9）。其规格按原材料直径中$\phi 6.5$、$\phi 8$、$\phi 10$和$\phi 12$分别有$\phi' 6.5$、$\phi' 8$、$\phi' 10$和$\phi' 12$，抗拉强度标准值为600MPa。

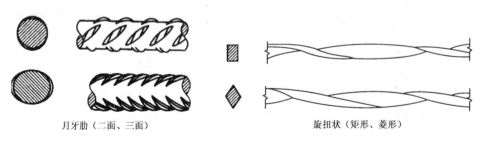

月牙肋（二面、三面）　　　　　　　旋扭状（矩形、菱形）

图3-8　冷轧带肋钢筋外形　　　　　图3-9　冷轧扭钢筋外形

冷拔低碳钢丝、冷轧带肋钢筋和冷轧扭钢筋都有专门的设计与施工规程，供设计与施工时查用。

3.1.4 按使用用途分

可分为普通钢筋和预应力钢筋。

3.1.5 混凝土结构对钢筋性能的要求

1. 强度高

采用较高强度的钢筋可以节省钢材，获得较好的经济效益。

2. 塑性好

要求钢筋在断裂前有足够的变形，能给人以破坏的预兆。因此，应保证钢筋的伸长率和冷弯性能合格。

3. 可焊性好

在很多情况下，钢筋的接长和钢筋之间的连接需通过焊接。钢筋焊接后不产生裂纹及过大的变形，保证焊接后的接头性能良好。

4. 与混凝土的粘结锚固性能好

为了使钢筋的强度能够充分被利用和保证钢筋与混凝土共同工作，二者之间应有足够的粘结力。

在寒冷地区，对钢筋的低温性能也有一定的要求。

3.2 钢筋的主要机械性能

3.2.1 钢筋的拉伸试验

3.2.1.1 软钢的拉伸性能

钢筋主要机械性能的各项指标是通过静力拉伸试验和冷弯试验来获得的。由静力拉伸试验得出的应力-应变曲线，是描述钢筋在单向均匀受拉下工作特性的重要方式。低碳钢（软钢）的应力-应变关系如图3-10。从图中可看出，低碳钢从受拉到拉断，经历了四个阶段。

1. 弹性阶段（O-A）

从图3-10中可以看出，在OA范围内，拉力增加，变形也增加；卸去拉力，试件能恢复原状。材料在卸去外力后能恢复原状的性质，叫作弹性。因此，这一阶段叫作弹性阶段。

弹性阶段的最高点（图中的A点）所对应的应力称为弹性极限，因弹性阶段的应力与应变成正比，所以也称比例极限，用f_0表示。

2. 屈服阶段（A-B）

当应力超过比例极限后，应力与应变不再成

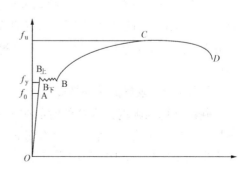

图3-10　钢筋的应力-应变曲线

比例增加，开始时图形接近直线，而后形成接近于水平的锯齿形线，这时，应力在很小的范围内波动，而应变急剧地增长，这种现象好像钢筋对于外力屈服了一样，所以，这一阶段叫作屈服阶段（A-B）。在屈服阶段，钢筋的性质由弹性转化为塑性，如将外力卸去，试件的变形不能完全恢复。不能恢复的变形称为残余变形或称塑性变形。

与锯齿线最高点 B 上相对应的应力称为屈服上限。对应于最低点 B 下的应力称为屈服下限。工程上取屈服下限作为计算强度指标，叫屈服强度（或称屈服点、流限），用 f_y 表示。屈服强度在实际工作中有很重要的意义，钢材受力达到屈服强度以后，变形速度迅速发展，尽管尚未断裂破坏，但因变形过大已不能满足使用要求。因此，屈服强度表示钢材在工作状态允许达到的应力值，是结构设计中钢材强度取值的依据。

3. 强化阶段（B-C）

钢筋拉伸试验过了第二阶段即屈服阶段以后，钢筋内部组织发生了剧烈的变化，重新建立了平衡，钢筋抵抗外力的能力又有了很大的增加。应力与应变的关系表现为上升的曲线，这个阶段称为强化阶段。

与强化阶段最高点 C 相对应的应力就是钢筋的极限强度，称为抗拉强度，用 f_u 表示。抗拉强度虽不作为设计时强度取值，但是它表明了钢材的潜在强度的大小。这一点可以很容易地从屈服强度与抗拉强度的比值（即屈强比 σ_s/σ）得到解释。屈强比小，钢材的利用率低，但屈强比过大，也将意味着钢材的安全可靠性降低，当使用中发生突然超载的情况时，容易产生破坏。因此，需要在保证安全性的前提下尽可能地提高钢材的屈强比。合理的屈强比一般在 0.60~0.75 范围内，Q235 的屈强比为 0.58~0.63，普通低合金钢的屈强比为 0.65~0.75。

4. 颈缩阶段（C-D）

当应力达到拉伸曲线的最高点 C 后，试件的薄弱截面开始显著缩小，产生颈缩现象（见图 3-11），即进入颈缩阶段。由于试件颈缩处截面急剧缩小，能承受的拉力随着下降，塑性变形迅速增加，最后该处发生断裂。由于颈缩处的伸长率较大，因此当原标距 L_0 与直径 d_0 之比越大，则颈缩处伸长值在整个伸长值中的比重越小，因而计算得的伸长率就越小。

图 3-11　颈缩现象

伸长率是表示钢材塑性大小的指标。钢材即使在弹性范围内工作，其内部由于原有一些结构缺陷和微孔，有可能产生应力集中现象，使局部应力超过屈服强度。一定的塑性变形能力，可保证应力重新分布，从而避免结构的破坏。但塑性过大时，钢质软，结构塑性变形大，也会影响实际使用。

3.2.1.2　硬钢的拉伸性能

硬钢（即高碳钢）受拉伸时的应力-应变曲线如图 3-12 所示。其特点是材质硬脆，抗拉强度高，塑性变形很小，没有明显的屈服现象，不能直接测定屈服强度。规范中规定以产生 0.2% 残余变形时的应力值作为屈服强度，以 $\delta_{0.2}$ 表示，也称条件屈服强度。

从图 3-12 中可以看出，a 点以前为弹性阶段，a 点应力称比例极限（约为极限强度的 0.65 倍）。a 点以后，钢筋表现出一定的塑性，到 b 点达到极限强度，b 点以后会因"颈缩"现象而具有下降阶段 bc。

两者对比，可以看出，硬钢的特点是抗拉强度高和伸长率小，没有明显的屈服阶段，弹性阶段长而塑性阶段短，试件破坏时没有明显的信号而突然断裂。因此，在构件中采用硬钢配筋时，必须注意这些特点。

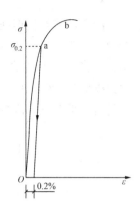

图 3-12　硬钢的应力-应变曲线

3.2.2　钢筋的机械性能

钢筋的机械性能通过试验来测定，测量钢筋质量标准的机械性能有屈服点、抗拉强度、伸长率，冷弯性能等指标。

1. 屈服点（R_{eL}）

当钢筋的应力超过屈服点以后，拉力不增加而变形却显著增加，将产生较大的残余变形时，以这时的拉力值除以钢筋的截面积所得到的钢筋单位面积所承担的拉力值，就是屈服点 R_{eL}。

2. 抗拉强度（R_m）

抗拉强度就是以钢筋被拉断前所能承担的最大拉力值除以钢筋截面积所得的拉力值，抗拉强度又称为极限强度。它是应力-应变曲线中最大的应力值，虽然在强度计算中没有直接意义，但却是钢筋机械性能中必不可少的保证项目。因为：

（1）抗拉强度是钢筋在承受静力荷载的极限能力，可以表示钢筋在达到屈服点以后还有多少强度储备，是抵抗塑性破坏的重要指标。

（2）钢筋有熔炼、轧制过程中的缺陷，以及钢筋的化学成分含量的不稳定，常常反映到抗拉强度上，当含碳量过高，轧制终止时温度过低，抗拉强度就可能很高；当含碳量少，钢中非金属夹杂物过多时，抗拉强度就较低。

（3）抗拉强度的高低，对钢筋混凝土结构抵抗反复荷载的能力有直接影响。

3. 伸长率

伸长率是应力-应变曲线中试件被拉断时的最大应变值，又称延伸率，它是衡量钢筋塑性的一个指标，与抗拉强度一样，也是钢筋机械性能中必不可少的保证项目。

伸长率的计算，是钢筋在拉力作用下断裂时，被拉长的那部分长度占原长的百分比。把试件断裂的两段拼起来，可量得断裂后标距段长 L_u（见图 3-13），减去标距原长 L_0 就是塑性变形值，此值与原长的比率用 A 表示，即

$$A = \frac{L_u - L_0}{L_0} \times 100\%$$

伸长率 A 值越大，表明钢材的塑性越好。通常以 δ_5 和 δ_{10} 分别表示 $L_0 = 5d_0$ 和 $L_0 = 10d_0$ 时的伸长率。对同一种钢材 $\delta_5 > \delta_{10}$。某些钢材的伸长率是采用定标距试件测定的，如标距

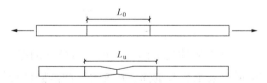

图 3-13　试件拉伸前和断裂后标距的长度

$l_0 = 100\text{mm}$ 或 200mm，则伸长率用 δ_{100} 或 δ_{200} 表示。对热轧钢筋的标距取试件直径的 5 倍长度作为测量的标准，对于钢丝取标距长度为 100mm 作为测量检验的标准，对于钢绞线则取标距长度为 200mm 作为测量检验的标准。

4. 冷弯性能

冷弯性能是指钢筋在经冷加工（即常温下加工）产生塑性变形时，对产生裂缝的抵抗能力。冷弯试验是测定钢筋在常温下承受弯曲变形能力的试验。试验时不应考虑应力的大小，而将直径为 d 的钢筋试件，绕直径为 D 的弯心（D 规定有 $1d$、$3d$、$4d$、$5d$）弯成 $180°$ 或 $90°$（见图 3-14）。然后检查钢筋试样有无裂缝、鳞落、断裂等现象，以鉴别其质量是否合乎要求，冷弯试验是一种较严格的检验，能揭示钢筋内部组织不均匀等缺陷。

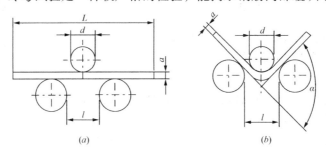

图 3-14 钢筋的冷弯试验
（a）$180°$；（b）$90°$

5. 弹性模量

弹性是指金属材料受力后发生畸变。即在受力方向，原子间距离增大或缩短（拉伸或压缩），但在作用力去除后能恢复原状的一种性能。弹性的大小用弹性模量表示，弹性模量是物质本身固有的一种量。

当材料的单向拉伸应力不超过材料的比例极限时，材料的应力与应变成正比，该比例常数 E 称为弹性模量。表 3-5 为各种钢筋的弹性模量。

钢筋的弹性模量（N/mm²）　　　　　　　　　　　　　　表 3-5

种　　类	E_s
Ⅰ级钢筋、冷拉Ⅰ级钢筋	2.1×10^5
Ⅱ级钢筋、Ⅲ级钢筋、Ⅳ级钢筋、热处理钢筋	2.0×10^5
冷拉Ⅱ级钢筋、冷拉Ⅲ级钢筋、冷拉Ⅳ级钢筋	1.8×10^5

6. 冲击韧性

冲击韧性是指钢材低抗冲击荷载的能力。用冲击吸收功 A_K（J）或冲击韧性值 a_k（J/mm²）表示。A_K 或 a_k 值愈大，冲击韧性愈好。钢材的冲击韧性受下列因素影响：

（1）钢材的化学成分与组织状态

钢材中硫、磷含量高时，钢材组织中有非金属夹杂物和偏析现象时，使 A_K、a_k 降低。另外钢组织中细晶粒结构比粗晶粒结构的 a_k 要高。

（2）钢材的轧制和焊接质量

沿轧制方向取样，其冲击韧性比沿垂直轧制方向取样的 a_k 高。在焊接处的晶体组织

均匀程度对 a_k 影响很大。若含硫量高时，由于热裂纹影响，使 a_k 大大降低。

（3）环境温度

试验表明，冲击韧性随温度的降低而下降，其规律是开始下降缓和，当达到一定温度范围时，突然下降很多而呈脆性，这种性质称为钢材的低温冷脆性；这时的温度称为脆性临界温度。它的数值越低，钢材的低温冲击韧性越好。由于脆性临界温度的测定工作较复杂，规范中通常是根据气温条件规定 $-20℃$ 或 $-40℃$ 的负温冲击值指标。

（4）时效

随着时间的进展，钢材的机械强度提高，而塑性和冲击韧性降低的现象称为时效。完成时效变化过程可达数十年，若钢材经受冷加工，或使用中受振动和反复荷载的影响，则时效进展被大大加快。因时效而导致性能改变的程度称为时效敏感性。含氧、氮多的钢材，时效敏感性大，经过时效以后其冲击韧性显著降低。为了保证安全，对于承受动荷载的重要结构，应选用时效敏感性小的钢材。

从上述情况可知，许多因素都将降低钢材的冲击韧性，对于直接承受动荷载而且可能在负温下工作的结构，必须按照有关规范要求，进行钢材的冲击韧性检验。

7. 耐疲劳性

在交变应力作用下的结构构件。钢材往往在应力远小于抗拉强度时发生断裂。这种现象称为钢材的疲劳破坏。一般把钢材在载荷交变 10 万次时不破坏的最大应力定义为疲劳强度（fatigue strength）或疲劳极限。在设计承受反复荷载且须进行疲劳验算的结构时，应当了解所用的疲劳极限。

研究表明，钢材的疲劳破坏。首先是在应力集中的地方出现疲劳裂纹，并不断扩大，直至突然产生瞬间疲劳断裂。很明显，钢材的内部组织状态、成分的偏析、表面质量、受力状态、屈服强度和抗拉强度大小及受腐蚀介质侵蚀的程度等，都将影响其耐疲劳性能。

3.3 钢材的腐蚀与防止

3.3.1 钢材的腐蚀

钢材的腐蚀是指钢的表面与周围介质发生化学作用或电化学作用而遭到的破坏。腐蚀不仅使其截面减少。降低承载力。而且由于局部腐蚀造成应力集中，易导致结构破坏，若受到冲击荷载或反复荷载的作用，将产生腐蚀疲劳，使疲劳强度大大降低，甚至出现脆性断裂。

1. 化学腐蚀

化学腐蚀是钢与干燥气体及非电解质液体的反应而产生的腐蚀。这种腐蚀通常为氧气作用，使钢被氧气形成疏松的氧化物（如氧化铁等）、在干燥环境中腐蚀进行得很慢，但在温度高和湿度较大时腐蚀速度较快。

2. 电化学腐蚀

钢材与电解质溶液接触而产生电流，形成微电池从而引起腐蚀。钢材本身含有铁、碳等多种成分，由于它们的电极电位不同，形成许多微电池。当凝聚在钢材表面的水分中溶入 CO_2、SO_2 等气体后，就形成电解质溶液。铁较碳活泼，因而铁成为阳极，碳成为阳极，阴阳两极通过电解质溶液相连，使电子产生流动。在阳极，铁失去电子成为 Fe^{2+} 进入水膜；在阴极，溶于水的氧被还原为 OH^-。同时 Fe^{2+} 与 OH^- 结合成为 $Fe(OH)_2$，并进一步被氧化成为疏松的红色铁锈 $Fe(OH)_3$，使钢材受到腐蚀。电化学腐蚀是钢材在使用及存放过程中发生腐蚀的主要形成。

3.3.2 腐蚀的防止

建筑钢材的防腐主要通过以下两个措施

1. 涂敷保护层

涂刷防锈涂料（防锈漆），采用电镀或其他方式：在钢材的表面镀锌、铬等；涂敷搪瓷或塑料层等。利用保护膜将钢材与周围介质隔离开，从而起到保护作用。

2. 设置阳极或阴极保护

对于不易涂敷保护层的钢结构，如地下管道，港口结构等，可采取阳极保护或阴极保护。阴极保护是在被保护的钢结构上连接一块比铁更为活泼的金属，如锌、镀，使锌、镀成为阳极而被腐蚀，钢结构成为阴极而被保护。

在土木工程中大量应用的钢筋土中的钢筋，由于水泥水后产生大量的氢氧化钙，即混凝土的碱度较高（pH 值一般为 12.6 以上）。处于这种强碱性环境的钢筋，其表面而产生一层钝化膜，对钢筋具有保护作用，因而实际上是不生锈的。但随着碳化的进行，混凝土的 pH 值降低，钢筋表面的钝化膜破坏。此时与腐蚀介质接触时将会受到腐蚀。

在钢中加入铬、镍等合金元素时，可制成不锈钢。不锈钢的成本较高、故仅用于特殊工程。

第4章 职业道德

4.1 概　　述

4.1.1 基本概念

道德是以善恶为标准，通过社会舆论、内心信念和传统习惯来评价人的行为，调整人与人之间以及个人与社会之间相互关系的行为规范的总和。只涉及个人、个人之间、家庭等的私人关系的道德，称为私德；涉及社会公共部分的道德，称为社会公德。一个社会一般有社会公认的道德规范，不过，不同的时代，不同的社会，往往有一些不同的道德观念；不同的文化中，所重视的道德元素以及优先性、所持的道德标准也常常会有所差异。

1. 道德与法纪的区别和联系

遵守道德是指按照社会道德规范行事，不做损害他人的事。遵守法纪是指遵守纪律和法律，按照规定行事，不违背纪律和法律的规定条文。法纪与道德既有区别也有联系。它们是两种重要的社会调控手段，自人类进入文明社会以来，任何社会在建立与维持秩序时，都必须借助于这两种手段。遵守道德与遵守法纪是这两种规范的实现形式，两者是相辅相成、相互促进、相互推动的。

（1）法纪属于制度范畴，而道德属于社会意识形态范畴。道德侧重于自我约束，是行为主体"应当"的选择，依靠人们的内心信念、传统习惯和社会舆论发挥其作用和功能，不具有强制力；而法纪则侧重于国家或组织的强制，是国家或组织制定和颁布，用以调整、约束和规范人们行为的权威性规则。

（2）遵守法纪是遵守道德的最低要求。道德可分为两类：第一类是社会有序化要求的道德，是维系社会稳定所必不可少的最低限度的道德，如不得暴力伤害他人、不得用欺诈手段谋取利益、不得危害公共安全等；第二类是那些有助于提高生活质量、增进人与人之间紧密关系的原则，如博爱、无私、乐于助人、不损人利己等。第一类道德通常会上升为法纪，通过制裁、处分或奖励的方法得以推行。而第二类道德是对人性较高要求的道德，一般不宜转化为法纪，需要通过教育、宣传和引导等手段来推行。法纪是道德的演化产物，其内容是道德范畴中最基本的要求，因此遵纪守法是遵守道德的最低要求。

（3）遵守道德是遵守法纪的坚强后盾。首先，法纪应包含最低限度的道德，没有道德基础的法纪，是一种"恶法"，是无法获得人们的尊重和自觉遵守的。其次，道德对法纪的实施有保障作用，"徒善不足以为政，徒法不足以自行"，执法者职业道德的提高，守法者的法律意识、道德观念的加强，都对法纪的实施起着推动的作用。再者，道德对法纪有补充作用，有些不宜由法纪调整的，或本应由法纪调整但因立法的滞后而"无法可依"的，道德约束往往起到了补充作用。

2. 公民道德的主要内容

公民道德主要包括社会公德、职业道德和家庭美德三个方面：

（1）社会公德。社会公德是全体公民在社会交往和公共生活中应该遵循的行为准则，涵盖了人与人、人与社会、人与自然之间的关系。在现代社会，公共生活领域不断扩大，人们相互交往日益频繁，社会公德在维护公众利益、公共秩序和保持社会稳定方面的作用更加突出，成为公民个人道德修养和社会文明程度的重要表现。以文明礼貌、助人为乐、爱护公物、保护环境、遵纪守法为主要内容的社会公德，旨在鼓励人们在社会上做一个好公民。

（2）职业道德。职业道德是所有从业人员在职业活动中应该遵循的行为准则，涵盖了从业人员与服务对象、职业与职工、职业与职业之间的关系。随着现代社会分工的发展和专业化程度的增强，市场竞争日趋激烈，整个社会对从业人员职业观念、职业态度、职业技能、职业纪律和职业作风的要求越来越高。以爱岗敬业、诚实守信、办事公道、服务群众、奉献社会为主要内容的职业道德，旨在鼓励人们在工作中做一个好建设者。

（3）家庭美德。家庭美德是每个公民在家庭生活中应该遵循的行为准则，涵盖了夫妻、长幼、邻里之间的关系。家庭生活与社会生活有着密切的联系，正确对待和处理家庭问题，共同培养和发展夫妻爱情、长幼亲情、邻里友情，不仅关系到每个家庭的美满幸福，也有利于社会的安定和谐。以尊老爱幼、男女平等、夫妻和睦、勤俭持家、邻里团结为主要内容的家庭美德，旨在鼓励人们在家庭里做一个好成员。

党的十八大对未来我国道德建设也做出了重要部署。强调要坚持依法治国和以德治国相结合，加强社会公德、职业道德、家庭美德、个人品德教育，弘扬中华传统美德，弘扬时代新风，指出了道德修养的"四位一体"性。十八大报告中"推进公民道德建设工程，弘扬真善美、贬斥假恶丑，引导人们自觉履行法定义务、社会责任、家庭责任，营造劳动光荣、创造伟大的社会氛围，培育知荣辱、讲正气、作奉献、促和谐的良好风尚"，强调了社会氛围和社会风尚对公民道德品质的塑造；"深入开展道德领域突出问题专项教育和治理，加强政务诚信、商务诚信、社会诚信和司法公信建设"，突出了"诚信"这个道德建设的核心。

3. 职业道德的概念

所谓职业道德，是指从事一定职业的人们在其特定职业活动中所应遵循的符合职业特点所要求的道德准则、行为规范、道德情操与道德品质的总和。职业道德是对从事这个职业所有人员的普遍要求，它不仅是所有从业人员在其职业活动中行为的具体表现，同时也是本职业对社会所负的道德责任与义务，是社会公德在职业生活中的具体化。每个从业人员，不论是从事哪种职业，在职业活动中都要遵守职业道德，如教师要遵守教书育人、为人师表的职业道德；医生要遵守救死扶伤的职业道德；企业经营者要遵守诚实守信、公平竞争、合法经营职业道德等。具体来讲，职业道德的含义主要包括以下八个方面：

（1）职业道德是一种职业规范，受社会普遍的认可。

（2）职业道德是长期以来自然形成的。

（3）职业道德没有确定形式，通常体现为观念、习惯、信念等。

（4）职业道德依靠文化、内心信念和习惯，通过职工的自律来实现。

（5）职业道德大多没有实质的约束力和强制力。

（6）职业道德的主要内容是对职业人员义务的要求。

（7）职业道德标准多元化，代表了不同企业可能具有不同的价值观。

（8）职业道德承载着企业文化和凝聚力，影响深远。

4.1.2 职业道德的基本特征

职业道德是从业人员在一定的职业活动中应遵循的、具有自身职业特征的道德要求和行为规范。根据《中华人民共和国公民道德建设实施纲要》，我国现阶段各行各业普遍使用的职业道德的基本内容包括"爱岗敬业、诚实守信、办事公道、服务群众、奉献社会"。上述职业道德内容具有以下基本特征：

1. 职业性

职业道德的内容与职业实践活动紧密相连，反映着特定职业活动对从业人员行为的道德要求。每一种职业道德都只能规范本行业从业人员的执业行为，在特定的职业范围内发挥作用。由于职业分工的不同，各行各业都有各自不同特点的职业道德要求。如医护人员有以"救死扶伤"为主要内容的职业道德，营业员有以"优质服务"为主要内容的职业道德。建设领域特种作业人员的职业道德则集中体现在"遵章守纪，安全第一"上。职业道德总是要鲜明地表达职业义务、职业责任以及职业行为上的道德准则，反映职业、行业以至产业特殊利益的要求；它往往表现为某一职业特有的道德传统和道德习惯，表现为从事某一职业的人们所特有的道德心理和道德品质。甚至形成从事不同职业的人们在道德品貌上的差异。如人们常说，某人有"军人作风"、"工人性格"等等。

2. 继承性

在长期实践过程中形成的职业道德内容，会被作为经验和传统继承下来。即使在不同的社会经济发展阶段，同样一种职业，虽然服务对象、服务手段、职业利益、职业责任有所变化，但是职业道德基本内容仍保持相对稳定，与职业行为有关的道德要求的核心内容将被继承和发扬，从而形成了被不同社会发展阶段普遍认同的职业道德规范。如"有教无类"、"学而不厌，诲人不倦"，从古至今都是教师的职业道德。

3. 多样性

不同的行业和不同的职业，有不同的职业道德标准，且表现形式灵活，涉及范围广泛。职业道德的表现形式总是从本职业的交流活动实际出发，采用制度、守则、公约、承诺、誓言、条例，以至标语口号之类来加以体现，既易于为从业人员所接受和实行，而且便于形成一种职业的道德习惯。

4. 纪律性

纪律也是一种行为规范，但它是介于法律和道德之间的一种特殊的规范。它既要求人们能自觉遵守，又带有一定的强制性。就前者而言，它具有道德色彩；就对后者而言，又带有一定的法律色彩。就是说，一方面遵守纪律是一种美德，另一方面，遵守纪律又带有强制性，具有法令的要求。例如，工人必须执行操作规程和安全规定；军人要有严明的纪律等。因此，职业道德有时又以制度、章程、条例的形式表达，让从业人员认识到职业道德又具有纪律的约束性。

4.1.3 职业道德建设的必要性和意义

在现代社会，人人都是服务对象，人人又都为他人服务。社会对人的关心、社会的安宁和人们之间关系的和谐，是同各个岗位上的服务态度、服务质量密切相关的。在构建和谐社会的新形势下，大力加强社会主义的职业道德建设，具有十分重要的意义，一个人对社会贡献的大小，主要体现在职业实践中。

1. 加强职业道德建设，是提高职业人员责任心的重要途径

行业、企业的发展有赖于好的经济效益，而好的经济效益源于好的员工素质。员工素质主要包含知识、能力、责任心三个方面，其中责任心即是职业道德的体现。职业道德水平高的从业人员其责任心必然很强，因此，职业道德能促进行业企业的发展。职业道德建设要把共同理想同各行各业、各个单位的发展目标结合起来，同个人的职业理想和岗位职责结合起来，这样才能增强员工的职业观念、职业事业心和职业责任感。职业道德要求员工在本职工作中不怕艰苦，勤奋工作，既讲团结协作，又讲个人贡献，既讲经济效益，又讲社会效益。

在现代社会里，各行各业都有它的地位和作用，也都有自己的责任和权力。有些人凭借职权钻空子，谋私利，这是缺乏职业道德的表现。加强职业道德建设，就要紧密联系本行业本单位的实际，有针对性地解决存在的问题。比如，建筑行业要针对高估多算、转包工程从中渔利等不正之风，重点解决好提高质量、降低消耗、缩短工期、杜绝敲诈勒索和拖欠农民工工资等问题；商业系统要针对经营商品以次充好、以假乱真和虚假广告等不正之风，重点解决好全心全意为顾客服务的问题；运输行业要针对野蛮装卸、以车谋私和违章超载等不正之风，重点解决好人民交通为人民的问题。当职业人员的职业道德修养提升了，就能做到干一行，爱一行，脚踏实地工作，尽心尽责地为企业为单位创造效益。

2. 加强职业道德建设，是促进企业和谐发展的迫切要求

职业道德的基本职能是调节职能。它一方面可以调节从业人员内部的关系，即运用职业道德规范约束职业内部人员的行为，促进职业内部人员的团结与合作，加强职业、行业内部人员的凝聚力。如职业道德规范要求各行各业的从业人员，都要团结、互助、爱岗、敬业、齐心协力地为发展本行业、本职业服务。另一方面，职业道德又可以调节从业人员和服务对象之间的关系，用来塑造本职业从业人员的社会形象。

企业是具有社会性的经济组织，在企业内部存在着各种复杂的关系。这些关系既有相互协调的一面，也有矛盾冲突的一面，如果解决不好，将会影响企业的凝聚力。这就要求企业所有的员工都应从大局出发，光明磊落、相互谅解、相互宽容、相互信赖、同舟共济，而不能意气用事、互相拆台。总之，要求职工必须具有较高的职业道德觉悟。

现在，各行各业从宏观到微观都建立了经济责任制，并与企业、个人的经济利益挂钩，从业者的竞争观念、效益观念、信息观念、时间观念、物质利益观念、效率观念都很强，这使得各行各业产生了新的生机和活力。但另一方面，由于社会观念的相对转弱，又往往会产生只顾小集体利益，不顾大集体利益；只顾本企业利益，不顾国家利益；只顾个人利益，不顾他人利益；只顾眼前利益，不顾长远利益等问题。因此，加强职业道德建设，教育员工顾大局、识大体，正确处理国家、集体和个人三者之间的关系，防止各种旧思想、旧道德对员工的腐蚀就显得尤为重要。要促进企业内部党政之间、上下级之间、干

群之间团结协作，使企业真正成为一个具有社会主义精神风貌的和谐集体。

3. 加强职业道德建设，是提高企业竞争力的必要措施

当前市场竞争激烈，各行各业都讲经济效益，这就促使企业的经营者在竞争中不断开拓创新。但行业之间为了自身的利益，会产生很多新的矛盾，形成自我力量的抵消，使一些企业的经营者在竞争中单纯追求利润、产值，不求质量，或者以次充好、以假乱真，不顾社会效益，损害国家、人民和消费者的利益。这只能给企业带来短暂的收益，当企业失去了消费者的信任，也就失去了生存和发展的源泉，难以在竞争的激流中不倒。在企业中加强职业道德建设，可使企业在追求自身利润的同时，创造社会效益，从而提升企业形象，赢得持久而稳定的市场份额；同时，可使企业内部员工之间相互尊重、相互信任、相互合作，从而提高企业凝聚力。如此，企业方能在竞争中稳步发展。

现阶段的企业，在人财物、产供销方面都有极大的自主权。但粗放型经济增长方式在建设、生产、流通等各个领域，突出表现为管理水平低、物资消耗高、科技含量低、资金周转慢、经济效益差，新旧经济体制的转变已进入了交替的胶着状态，旧经济体制在许多方面失去了效应，而新经济体制还没有完全建立起来。同时，人们在认识上缺乏科学的发展观念。解决这些问题，当然要坚定不移地推进改革，进一步完善经济、法制、行政的调节机制，但运用道德手段来调节和规范企业及员工的经济行为也是合乎民心的极其重要的工作。因此，随着改革的深入，人们的道德责任感应当加强而不是削弱。

4. 加强职业道德建设，是个人健康发展的基本保障

市场经济对于职业道德建设有其积极一面，也有消极的一面，它的自发性、自由性、注重经济效益的特性，诱惑一些人"一切向钱看"，唯利是图，不择手段追求经济效益，从而走上不归路，断送前程。通过加强职业道德建设，提高从业人员的道德素质，使其树立职业理想，增强职业责任感，形成良好的职业行为。当从业人员具备职业道德精神，将职业道德作为行为准则时，就能抵抗物欲诱惑，而不被利益所熏心，脚踏实地在本行业中追求进步。在社会主义市场经济条件下，弄虚作假、以权谋私、损人利己的人不但给社会、国家利益造成损害，自身发展也会受到影响，只有具备"爱岗敬业、诚实守信、办事公道、服务群众、奉献社会"职业道德精神的从业人员，才能在社会中站稳脚跟，成为社会的栋梁之才，在为社会创造效益的同时，也保障了自身的健康发展。

5. 加强职业道德建设，是提高全社会道德水平的重要手段

职业道德是整个社会道德的主要内容，它一方面涉及到每个从业者如何对待职业，如何对待工作，同时也是一个从业人员的生活态度、价值观念的表现，是一个人的道德意识和道德行为发展到成熟阶段的体现，具有较强的稳定性和连续性。另一方面，职业道德也是一个职业集体甚至一个行业全体人员的行为表现，如果每个行业、每个职业集体都具备优良的道德，那么对整个社会道德水平的提高就会发挥重要作用。

4.2 建设行业从业人员的职业道德

对于建设行业从业人员来说，一般职业道德要求主要有忠于职守、热爱本职，质量第一、信誉至上，遵纪守法、安全生产，文明施工、勤俭节约，钻研业务、提高技能等内容，这些都需要全体人员共同遵守。对于建设行业不同专业、不同岗位从业人员，还有更

加具有针对性和更加具体的职业道德要求。

4.2.1 一般职业道德要求

1. 忠于职守，热爱本职

一个从业人员不能尽职尽责，忠于职守，就会影响整个企业或单位的工作进程。严重的还会给企业和国家带来损失，甚至还会在国际上造成不良影响。因此，应当培养高度的职业责任感，以主人翁的态度对待自己的工作，从认识上、情感上、信念上、意志乃至习惯上养成"忠于职守"的自觉性。

（1）忠实履行岗位职责，认真做好本职工作

岗位责任一般包括：岗位的职能范围与工作内容；在规定的时间内完成的工作数量和质量。忠实履行岗位职责是国家对每个从业人员的基本要求，也是职工对国家、对企业必须履行的义务。

（2）反对玩忽职守的渎职行为

玩忽职守，渎职失责的行为，不仅影响企事业单位的正常活动，还会使公共财产、国家和人民的利益遭受损失，严重的将构成渎职罪、玩忽职守罪、重大责任事故罪，而受到法律的制裁。作为一个建设行业从业人员，就要从一砖一瓦做起，忠实履行自己的岗位职责。

2. 质量第一、信誉至上

"质量第一"就是在施工时要对建设单位（用户）负责，从每个人做起，严把质量关，做到所承建的工程不出次品，更不能出废品，争创全优工程。建筑工程的质量问题不仅是建筑企业生产经营管理的核心问题，也是企业职业道德建设中的一个重大课题。

（1）建筑工程的质量是建筑企业的生命

建筑企业要向企业全体职工，特别是第一线职工反复地进行"百年大计，质量第一"的宣传教育，增强执行"质量第一"的自觉性，同时要"奖优罚劣"，严格制度，检查考核。

（2）诚实守信、实践合同

信誉，是信用和名誉两者在职业活动中的统一。一旦签订合同，就要严格认真履行，不能"见利忘义"，"取财无道"，不守信用。"信招天下客，誉从信中来"，企业生产经营要真诚待客，服务周到，产品上乘，质量良好，以获得社会肯定。

建设行业职工应该从我做起，抓职业道德建设，抓诚信教育，使诚实守信成为每个建筑企业的精神，成为每个建筑职工进行职业活动的灵魂。

3. 遵纪守法，安全生产

遵纪守法，是一种高尚的道德行为，作为一个建筑业的从业人员，更应强调在日常施工生产中遵守劳动纪律。自觉遵守劳动纪律，维护生产秩序，不仅是企业规章制度的要求，也是建筑行业职业道德的要求。

严格遵守劳动纪律，要求做到：听从指挥，服从调配，按时、按质、按量完成上级交给的生产劳动任务；保证劳动时间，不迟到、不早退、不旷工，遵守考勤制度；认真执行岗位责任制和承包责任制，坚守工作岗位，不玩忽职守，在施工劳动中精力要集中，不"磨洋工"，不干私活，不拉扯闲谈开玩笑，不做与本职工作无关的事；要文明施工、安全

生产，严格遵守操作规程，不违章指挥、违章作业；做遵纪守法、维护生产秩序的模范。

4. 文明施工、勤俭节约

文明施工就是坚持合理的施工程序，按既定的施工组织设计，科学地组织施工，严格地执行现场管理制度，做到经常性的监督检查，保证现场整洁，工完场清，材料堆放整齐，施工秩序良好。

勤俭就是勤劳俭朴，节约就是把不必使用的节省下来。换句话说，一方面要多劳动、多学习、多开拓、多创造社会财富；另一方面又要俭朴办企业，合理使用人力、物力、财力，精打细算，节省开支、减少消耗，降低成本、提高劳动生产率，提高资金利用率，严格执行各项规章制度，避免浪费和无谓的损失。

5. 钻研业务，提高技能

当前，我国建立了社会主义市场经济体制，建筑企业要在优胜劣汰的竞争中立于不败之地，并保持蓬勃的生机和活力，从内因来看，很大程度上取决于企业是否拥有现代化建设所需要的各种适用人才。企业要实现技术先进、管理科学、产品优良，关键是要有人才优势。企业的职工素质优劣（包括文化、科学、技术、业务水平的高低，政治思想、职业道德品质的好坏）往往决定了企业的兴衰。科学技术越进步，人才在生产力发展中的作用也就越大，作为建设行业从业人员，要努力学习先进技术和专门知识，了解行业发展方向，适应新的时代要求。

4.2.2　个性化职业道德要求

在遵守一般职业道德要求的基础上，建设行业从业人员还应遵守各自的特殊、详细职业道德要求。为进一步加强建筑业社会主义精神文明建设，提高全行业的整体素质，树立良好的行业形象，一九九七年九月，中华人民共和国建设部建筑业司组织起草了《建筑业从业人员职业道德规范（试行）》，并下发施行。其中，重点对 项目经理、工程技术人员、管理人员、工程质量监督人员、工程招标投标管理人员、建筑施工安全监督人员、施工作业人员的职业道德规范提出了要求。

对于项目经理，重点要求有：强化管理，争创效益 对项目的人财物进行科学管理；加强成本核算，实行成本否决，厉行节约，精打细算，努力降低物资和人工消耗。讲求质量，重视安全，加强劳动保护措施，对国家财产和施工人员的生命安全负责，不违章指挥，及时发现并坚决制止违章作业，检查和消除各类事故隐患。关心职工，平等待人，不拖欠工资，不敲诈用户，不索要回扣，不多签或少签工程量或工资，搞好职工的生活，保障职工的身心健康。发扬民主，主动接受监督，不利用职务之便谋取私利，不用公款请客送礼。用户至上，诚信服务，积极采纳用户的合理要求和建议，建设用户满意工程，坚持保修回访制度，为用户排忧解难，维护企业的信誉。

对于工程技术人员，重点要求有：热爱科技，献身事业，不断更新业务知识，勤奋钻研，掌握新技术、新工艺。深入实际，勇于攻关，不断解决施工生产中的技术难题提高生产效率和经济效益。一丝不苟，精益求精，严格执行建筑技术规范，认真编制施工组织设计，积极推广和运用新技术、新工艺、新材料、新设备，不断提高建筑科学技术水平。以身作则，培育新人，既当好科学技术带头人，又做好施工科技知识在职工中的普及工作。严谨求实，坚持真理，在参与可行性研究时，协助领导进行科学决策；在参与投标时，以合理造价和合理工期进行投标；在施工中，严格执行施工程序、技术规范、操作规程和质量安全标准。

对于管理人员，重点要求有：遵纪守法，为人表率，自觉遵守法律、法规和企业的规章制度，办事公道。钻研业务，爱岗敬业，努力学习业务知识，精通本职业务，不断提高工作效率和工作能力。深入现场，服务基层，积极主动为基层单位服务，为工程项目服务。团结协作，互相配合，树立全局观念和整体意识，遇事多商量、多通气，互相配合，互相支持，不推、不扯皮，不搞本位主义。廉洁奉公，不谋私利，不利用工作和职务之便吃拿卡要。

对于工程质量监督人员，重点要求有：遵纪守法，秉公办事，贯彻执行国家有关工程质量监督管理的方针、政策和法规，依法监督，秉公办事，树立良好的信誉和职业形象。敬业爱岗，严格监督，严格按照有关技术标准规范实行监督，严格按照标准核定工程质量等级。提高效率，热情服务，严格履行工作程序，提高办事效率，监督工作及时到位。公正严明，接受监督，公开办事程序，接受社会监督、群众监督和上级主管部门监督，提高质量监督、检测工作的透明度，保证监督、检测结果的公正性、准确性。严格自律，不谋私利，严格执行监督、检测人员工作守则，不在建筑业企业和监理企业中兼职，不利用工作之便介绍工程进行有偿咨询活动。

对于工程招标投标管理人员，重点要求有：遵纪守法，秉公办事，在招标投标各个环节要依法管理、依法监督，保证招标投标工作的公开、公平、公正。敬业爱岗，优质服务，以服务带管理，以服务促管理，寓管理于服务之中。接受监督，保守秘密，公开办事程序和办事结果，接受社会监督、群众监督及上级主管部门的监督，维护建筑市场各方的合法权益。廉洁奉公，不谋私利，不吃宴请，不收礼金，不指定投标队伍，不准泄露标底，不参加有妨碍公务的各种活动。

对于建筑施工安全监督人员，重点要求有：依法监督，坚持原则，宣传和贯彻"安全第一，预防为主"的方针，认真执行有关安全生产的法律、法规、标准和规范。敬业爱岗、忠于职守，以减少伤亡事故为本，大胆管理。实事求是，调查研究，深入施工现场，提出安全生产工作的改进措施和意见，保障广大职工群众的安全和健康。努力钻研，提高水平，学习安全专业技术知识，积累和丰富工作经验，推动安全生产技术工作的不断发展和完善。

对于施工作业人员，重点要求有：苦练硬功，扎实工作，刻苦钻研技术，熟练掌握本工作的基本技能，努力学习和运用先进的施工方法，练就过硬本领，立志岗位成才。热爱本职工作，不怕苦、不怕累，认认真真，精心操作。精心施工，确保质量，严格按照设计图纸和技术规范操作，坚持自检、互检、交接检制度，确保工程质量。安全生产，文明施工，树立安全生产意识，严格执行安全操作规程，杜绝一切违章作业现象。维护施工现场整洁，不乱倒垃圾，做到工完场清。不断提高文化素质和道德修养。遵守各项规章制度，发扬劳动者的主人翁精神，维护国家利益和集体荣誉，服务从上级领导和有关部门的管理，争做文明职工。

4.3　建设行业职业道德的核心内容

4.3.1　爱岗敬业

爱岗敬业，顾名思义就是认真对待自己的岗位，对自己的岗位职责负责到底，无论在任何时候，都尊重自己的岗位职责，对自己的岗位勤奋有加。

爱岗敬业是人类社会最为普遍的奉献精神，它看似平凡，实则伟大。一份职业，一个工作岗位，都是一个人赖以生存和发展的基本保障。同时，一个工作岗位的存在，往往也是人类社会存在和发展的需要。所以，爱岗敬业不仅是个人生存和发展的需要，也是社会存在和发展的需要。爱岗敬业是一种普遍的奉献精神。只有爱岗敬业的人，才会在自己的工作岗位上勤勤恳恳，不断地钻研学习，一丝不苟，精益求精，才有可能为社会为国家做出崇高而伟大的奉献。

热爱本职工作、热爱自己的单位。职工要做到爱岗敬业，首先应该热爱单位，树立坚定的事业心。只有真正做到甘愿为实现自己的社会价值而自觉投身这种平凡，对事业心存敬重，甚至可以以苦为乐、以苦为趣才能产生巨大的拼搏奋斗的动力。我们的劳动是平凡的，但求要求是很高的。人的一生应该有明确的工作和生活目标，为理想而奋斗虽苦然乐在其中，热爱事业，关心单位事业发展，这是每个职工都应具备的。

爱岗敬业需要有强烈的责任心。责任心是指对事情能敢于负责、主动负责的态度；责任心，是一种舍己为人的态度。一个人的责任心如何，决定着他在工作中的态度，决定着其工作的好坏和成败。如果一个人没有责任心，即使他有再大的能耐，也不一定能做出好的成绩来。有了责任心，才会认真地思考，勤奋地工作，细致踏实，实事求是；才会按时、按质、按量完成任务，圆满解决问题；才能主动处理好分内与分外的相关工作，从事业出发，以工作为重，有人监督与无人监督都能主动承担责任而不推卸责任。

4.3.2　诚实守信

诚实守信就是指言行一致，表里如一，真实无欺，相互信任，遵守诺言，信守约定，践行规约，注重信用，忠实地履行自己应当承担的责任和义务。诚实守信作为社会主义职业道德的基本规范，是和谐社会发展的必然要求，对推进社会主义市场经济体制建立和发展具有十分重要的作用。它不仅是建筑行业职工安身立命的基础，也是企业赖以生存和发展的基石。

在公民道德建设中，把"诚实守信"融入到职业道德的各个领域和各个方面，使各行各业的从业人员，都能在各自的职业中，培养诚实守信的观念，忠诚于自己从事的职业，信守自己的承诺。对一个人来说，"诚实守信"既是一种道德品质和道德信念，也是每个公民的道德责任，更是一种崇高的"人格力量"，因此"诚实守信"是做人的"立足点"。对一个团体来说，它是一种"形象"，一种品牌，一种信誉，一个使企业兴旺发达的基础。对一个国家和政府来说，"诚实守信"是"国格"的体现，对国内，它是人民拥护政府、支持政府、赞成政府的一个重要的支撑；对国际，它是显示国家地位和国家尊严的象征，是国家自立自强于世界民族之林的重要力量，也是良好"国际形象"和"国际信誉"的标志。

"以诚实守信为荣，以见利忘义为耻"，是社会主义荣辱观的重要内容。市场经济是交换经济、竞争经济，又是一种契约经济。保证契约双方履行自己的义务，是维护市场经济秩序的关键。而"诚实守信"对保证市场经济沿着社会主义道路向前发展，有着特殊的指向作用。一些企业之所以能兴旺发达，在世界市场占有重要地位，尽管原因很多，但"以诚信为本"，是其中的一个决定的因素；相反，如果为了追求最大利润而弄虚作假、以次充好、假冒伪劣和不讲信用，尽管也可能得益于一时，但最终必将身败名裂、自食其果。在前一段时期，我国的一些地方、企业和个人，曾以失去"诚实守信"而导致"信誉扫地"，在经济上、形象上蒙受了重大损失。一些地方和企业，"痛定思痛"，不得不以更大的代价，重新铸造自己"诚实守信"形象，这个沉痛教训，是值得认真吸取的。

一个行业、一个企业的信誉，也就是它们的形象、信用和声誉，是指企业及其产品与服务在社会公众中的信任程度，提高企业的信誉主要靠产品的质量和服务质量，而从业人员职业道德水平高是产品质量和服务质量的有效保证。如江苏省的建筑队伍，由于素质过硬，吃苦耐劳、能征善战，狠抓工程质量、工程进度和安全生产，在全国建造了众多荣获鲁班奖的地标建筑，被誉为江苏建筑铁军。这支队伍在世博会的建设上再展风采，江苏建筑铁军凭借过硬的质量、创新的科技、可靠的信誉和一流的素质，成为世博会场馆建设的主力军。江苏建筑企业承接完成了英国馆、比利时馆、奥地利馆、阿曼馆、俄罗斯馆、沙特馆、爱尔兰馆、意大利馆和震旦馆、万科馆、气象馆、航空馆、H1 世博村酒店等 14 个世博会展馆和附属工程的总包项目，63 个分包项目，合同额计 28.8 亿元。江苏是除上海以外，承担场馆建设项目最多、工程科技含量最大、施工技术要求最高的省份，江苏铁军为国家再立新功。

4.3.3　安全生产

近年来，建筑工程领域对工程的要求由原来的三"控"（质量，工期，成本）变成"四控"（质量，工期，成本，安全），特别增加了对安全的控制，可见安全越来越成为建筑业一个不可忽视的要素。

安全，通常是指各种（指天然的或人为的）事物对人不产生危害、不导致危险、不造成损失、不发生事故、运行正常、进展顺利等状态，近年来，随着安全科学（技术）学科的创立及其研究领域的扩展，安全科学（技术）所研究的问题已不再仅局限于生产过程中的狭义安全内容，而是包括人们从事生产、生活以及可能活动的一切领域、场所中的所有安全问题，即称为广义的安全。这是因为，在人的各种活动领域或场所中，发生事故或产生危害的潜在危险和外部环境有害因素始终是存在的，即事故发生的普遍性不受时空的限制，只要有人和危害人身心安全与健康的外部因素同时存在的地方，就始终存在着安全与否的问题。换句话说，安全问题存在于人的一切活动领域中，伤亡事故发生的可能性始终存在，人类遭受意外伤害的风险也永远存在。

虽然目前我国已经建立了一套较为完整的建筑安全管理组织体系，建筑安全管理工作也取得了较为显著的成绩，但整体形势依然严峻。近十年来我国建筑业百亿元产值死亡率一直呈下降趋势，然而从绝对数上看死亡人数和事故发生数却一直居高不下。因此安全第一、预防为主、综合治理就成了建设行业一项十分重要的工作。

文明生产是指以高尚的道德规范为准则，按现代化生产的客观要求进行生产活动的行为，具体表现为物质文明和精神文明两个方面。在这里物质文明是指为社会生产出优质的符合要求的建筑或为住户提供优质的服务。精神文明体现出来的是建筑员工的思想道德素质和精神面貌。安全施工就是在施工过程中强调安全第一，没有安全的施工，随时都会给生命带来危害、给财产造成损失。文明生产、安全施工是社会主义文明社会对建筑行业的要求，也是建筑行业员工的岗位规范要求。

要达到文明生产、安全施工的要求，一些最基本的要求首先必须做到：

1. 相互协作，默契配合。在生产施工中，各工序、工种之间、员工与领导之间要发扬协作精神，互相学习，互相支援。处理好工地上土建与水电施工之间经常会出现的进度不一、各不相让的局面，使工程能够按时按质的完成。

2. 严格遵守操作规程。从业人员在施工中要强化安全意识，认真执行有关安全生产的法律、法规、标准和规范，严格遵守操作规程和施工程序，进入工地要戴安全帽，不违章作业，不野蛮施工，不乱堆乱扔。

3. 讲究施工环境优美，做到优质、高效、低耗。做到不乱排污水，不乱倒垃圾，不遗撒渣土，不影响交通，不扰民施工。

4.3.4 勤俭节约

勤俭节约是指在施工、生产中严格履行节省的方针，爱惜公共财物和社会财物以及生产资料。降低企业成本是指企业在日常工作中将成本降低，通过技术、提高效率、减少人员投入、降低人员工资或提高设备性能或批量生产等方法，将成本降低。作为建筑施工企业的施工员，必须要做到杜绝资源的浪费。资源是有限的，但人类利用资源的潜力是无限的，我们应该杜绝不合理的浪费资源现象的发生。在当今建筑施工企业竞争日益激烈的局面中，勤俭节约，降低成本是每一个从业人员都应该努力做到的。我们与公司的关系实质上是同舟共济，并肩前进的关系，只有每个员工都从自身做起，严格要求自己，我们的建筑施工企业才能不断发展壮大。

人才也是重要的社会资源，建筑企业要充分发挥员工的才能，让员工在合适的岗位上做出相应的业绩。企业更应当采取各种措施培养人才，留住人才，避免人才流动频繁。每一个员工也都应该关心本企业的发展，以积极向上的精神奉献社会。

4.3.5 钻研技术

技术、技巧、能力和知识是为职业服务的最基本的"工具"，是提高工作效率的客观需要，同时也是搞好各项工作的必要前提。从业人员要努力学习科学文化知识，刻苦钻研专业技术，精通本岗位业务。创新是人类发展之本，从业人员应该在实际中不断探索适于本职工作的新知识，掌握新本领，才能更好地获得人生最大的价值。

4.4 建设行业职业道德建设的现状、特点与措施

4.4.1 建设行业职业道德建设现状

1. 质量安全问题频发，敲响职业道德建设警钟。从目前我国建筑业总的发展形势来

看，总体上各方面还是好的，无论是工程规模、业绩、质量、效益、技术等都取得了很大突破。虽然行业的主流是好的，但出现的一些问题必须引起人们的高度重视。因为，作为百年大计的建筑物产品，如果质量差，则损失和危害无法估量。例如5.12汶川大地震中某些倒塌的问题房屋，杭州地铁坍塌，上海、石家庄在建楼房倒楼事件，以及由于其他一些因为房屋质量、施工技术问题引发的工程事故频发，对建设行业敲响了职业道德建设警钟。

2. 营造市场经济良好环境，急切呼唤职业道德。众所周知，一座建筑物的诞生需要有良好的设计、周密的施工、合格的建筑材料和严格的检验与监督。然而，在一段时间内许多设计不仅结构不合理、计算偏差，而且根本不考虑相关因素，埋下很大隐患；施工过程中秩序混乱；建筑材料伪劣产品层出不穷，人情关系和金钱等因素严重干扰建筑工程监督的严肃性。这一系列环节中的问题，使我国近几年的建筑工程质量事故屡见不鲜。影响建筑工程质量的因素很多，但是道德因素是重要因素之一，所以，新形势下的社会主义市场经济急切呼唤职业道德。

面对市场经济大潮，建筑企业逐渐从传统的计划经济体制中走了出来。面对市场竞争，人们要追求经济效益，要讲竞争手段。我国的建筑市场竞争激烈，特别是我国各省市发展不平衡，建筑行业的法规不够健全，在竞争中引发出一些职业道德病。每当我国大规模建设高潮到来时，总伴随着工程质量问题的增加。一些建筑企业为了拿到工程项目，使用各种手段，其中手段之一就是盲目压价，用根本无法完成工程的价格去投标。中标后就在设计、施工、材料等方面做文章，启用非法设计人员搞黑设计；施工中偷工减料；材料上买低价伪劣产品，最终，使建筑物的"百年大计"大大打了折扣。

搞社会主义市场经济，不仅要重视经济效益，也要重视社会效益，并且，这两种效益密不可分。一个建筑企业如果只重视经济效益，而不重视社会效益，最终必然垮台。实践证明，许多企业并不是垮在技术方面，而是垮在思想道德方面。我国的建筑业要振兴，必须大力加强建筑行业职业道德建设。否则，有可能给中华大地留下一堆堆建筑垃圾，建筑业的发展和繁荣最终成为一句空话。一个企业不仅要在施工技术和经营管理方面有发展，在企业员工职业道德建设方面也不可忽视。我国的建筑业要振兴，必须大力加强建筑行业职业道德建设。否则，将会严重影响我们国家的社会主义经济建设的发展。

4.4.2　建设行业职业道德建设的特点

开展建设行业职业道德建设，要注意结合行业自身的特点。以建筑行业为例，职业道德建设具有以下几个方面特点：

1. 人员多、专业多、岗位多、工种多。

我国建筑行业有着逾千万人员，40多个专业，30多个岗位，100多个职业工种。且众多工种的从业人员中，80%左右来自广大农村，全国各地都有，语言不一，普遍文化程度较低，基本上从业前没有受过专门专业的岗位培训教育，综合素质相对不高。对这些员工来讲应该积极参加各类教育培训、认真学习文化、专业知识、努力提高职业技能和道德素质。

2. 条件艰苦，工作任务繁重。

建筑行业大部分属于露天作业、高空作业，有些工地差不多在人烟荒芜地带，工人常年日晒雨淋，生产生活场所条件艰苦，作业人员缺乏必要的安全作业生产培训，安全作业存在隐患，安全设施落后和不足，安全事故频发。随着经济社会的不断发展和国家社会越来越注重以人为本的理念，经济发达地区的企业对于现场工地人员的生活条件有了明显改善。同时对建筑行业中房屋的质量、工期、人员安全要求也更高，加强职业道德建设成为一项必要的内容。

3. 施工面大，人员流动性大。

建筑行业从业人员的工作地点很难长期固定在一个地方，人员来自全国各地又流向全国各地，随着一个施工项目的完工，建设者又会转移到别的地方，可以说这些人是四海为家，随处奔波。很难长期定点接受一定的职业道德教育培训教育。

4. 各工种之间联系紧密。

建筑行业职业的各专业、岗位和工种之间有一种承前启后的紧密联系。所有工程的建设，都是由多个专业、岗位、工种共同来完成的。每个职业所完成的每项任务，既是对上一个岗位的承接，也是对下一个岗位的延续，直到工程竣工验收。

5. 社会性。

一座建筑物的完工，凝聚了多方面的努力，体现了其社会价值和经济价值。同时，建筑行业随着国民经济的发展，其行业地位和作用也越来越重要，行业发展关乎国计民生。建筑工程项目生产过程中，几乎与国民经济中所有部门都有协作关系，而且一旦建成为商品，其功能应满足社会的需要，满足国民经济发展的需要。建筑物只有在体现出自身的社会价值之后才能体现出自身的经济价值。

因此，开展建筑行业的职业道德建设，一定要联系上述特点，因地制宜地实施行业的职业道德建设。要以人为本，遵守职业道德规范，一切为了社会广大人民和子孙后代的利益，坚持社会主义、集体主义原则，发挥行业人员优秀品质，严谨务实，艰苦奋斗、团结协作，多出精品优质工程，体现其社会价值和经济价值。

4.4.3 加强建设行业职业道德建设的措施

职业道德建设是塑造建筑行业员工行业风貌的一个窗口，也是提高行业竞争力和发展势头的重要保证。职业道德建设涉及政府部门、行业企业、职工队伍等方方面面，需要齐抓共管，共同参与，各司其职，各负其责。

1. 发挥政府职能作用，加强监督监管和引导指导。政府各级建设主管部门要加强监督和引导，要重视对建设行业职业道德标准的建立完善，在行政立法上约束那些不守职业道德规范的员工，建立健全建设行业职业道德规范和制度。坚持"教育是基础"，编制相关教材，开展骨干培训，积极采用广播电视网络开展宣传教育。不但要努力贯彻实施建设部制定颁布的行业职业道德准则，有条件的可以下企业了解并制定和健全不同行业、工种、岗位的职业道德规范，并把企业的职业道德建设作为企业年度评优的重要参考内容。

2. 发挥企业主体作用，抓好工作落实和服务保障。企业要把员工职业道德建设作为自身发展的重要工作来抓，领导班子和管理者首先要有对职业道德建设重要性的充分认识，要起模范带头作用。企业领导应关注职业道德建设的具体工作落实情况，企业的相关部门要各负其责，抓好和布置具体活动计划，使企业的职业道德建设工作有序开展。

3. 改进教学手段，创新方式方法。由于目前建设行业特别是建筑行业自身的特点，建筑队伍素质整体上文化水平不是很高，大部分职工在接受文化教育能力有限。因此，在教育时要改进教学手段，创新方式方法，尽量采用一些通俗易懂的方法，防止生硬、呆板、枯燥的教学方式，努力营造良好的学习教育氛围，增加职工对职业道德学习的兴趣。可以采用报纸、讲演、座谈、黑板报、企业报、网络新闻电视传媒等多种有效的宣传教育形式，使职工队伍学习到更多的施工技术、科学文化、道德法律等方面知识。可以充分利用工地民工学校这样便捷教育场地，在时间和教育安排上利用员工工作的业余时间或集中专门培训；岗位业务培训和职业道德教育培训相结合；班前班后上岗针对性安全技术教育培训等。使广大员工受到全面有效的职业技能和职业道德教育学习，从而为行业员工队伍建设打好坚实基础。

4. 结合项目现场管理，突出职业道德建设效果。项目部等施工现场作为建设行业的第一线，是反映建设行业职业道德建设的窗口，在开展职业道德建设中要认真做好施工现场管理工作，做到现场道路畅通，材料堆放整齐，防护设备完备，周围环境整洁，努力创建安全文明样板工地，充分展示建设工地新形象。把提高项目工程质量目标、信守合同作为职业道德建设的一个重要一环，高度注重：施工前为用户着想；施工中对用户负责；完工后使使用户满意。把它作为建设企业职业道德建设工作实践的重要环节来抓。

5. 开展典型性教育，发挥奖惩激励机制作用。在职业道德教育中，应当大力宣传身边的先进典型，用先进人物的精神、品质和风格去激发职工的工作热情。此外，应当在项目建设中建立奖惩激励机制。一个品质项目的诞生，离不开那些有着特别贡献的员工，要充分调动广大员工的积极性和主动性，激发其创新潜能和发挥其奉献精神，对优秀施工班组和先进个人实行物质精神奖励，作为其他员工的学习榜样。同时，对于不遵章守规、作风不良的应该曝光、批评，指出缺点错误，使其在接受教育中逐步改变原来的陈规陋习，得到正确的职业道德教育。

6. 倡导以人为本理念，改善职工工作生活环境。随着经济社会的发展，政府和社会对人的关心、关怀变的更加重视，确保广大职工有一个良好的工作生活环境，为他们解决生产生活方面的困难，如夏季的降温解暑工作，冬天供热保暖工作，每年春节、中秋等节假日的慰问、团拜工作，以及其他一些业余文化活动，使广大职工感觉到企业和社会对他们的关爱，更加热爱这份职业，更能在实现自身价值中充分展现职业道德风貌。